絵と文章でわかりやすい!

図解雑学
三角関数

佐藤敏明=著

ナツメ社

はじめに

「サイン・コサインなんになる。おいらにゃおいらの夢がある。」

これは、筆者が学生のとき流行った「受験生ブルース」という歌の一節です。はじめてこれを聞いたとき、何となくこの歌に共感しました。確かに、サイン・コサインなんか知らなくても別に困りはしないのに、なぜ勉強するのだろうか。この思いは多くの人が感じていることではないでしょうか。ところが、表面的には、サイン・コサインは日常生活には関係ないと思われていますが、「波あるところにサインあり」で、サイン・コサインがなければ、現代文明は成り立たないのです。身近な例では、家庭に供給されている交流電流です。交流電流は、電流の強さが強弱をくり返しながら流れてきます。これを制御するためにはサイン・コサインの助けをかりなければならないのです。また、携帯電話で使われる電波なども波です。このように、身のまわりには"波"が満ちあふれています。波を解析し、制御するためにはサイン・コサインは必要不可欠な道具なのです。確かに、知らなくても日常生活には困らないでしょうが、知っていると、現代の技術が身近に感じられるのではないでしょうか。そこで、本書で、少しでもサイン・コサインに親しんでいただきたいと思います。

1章では、直角三角形の相似を利用して、三角比 sin、cos、tan の定義をします。そして、この三角比を簡単な測量に応用します。

2章では、正弦定理、余弦定理などを求めて、これらを用いて1章より複雑な場合の測量を試みます。1章、2章では、できるだけ身近な具体例を通して、三角比の便利さを感じていただきたいと思います。

3章では、三角関数 sin、cos、tan を定義し、三角比が図形から

離れて、三角関数として独り立ちをしていく様子を見ます。さらに、三角関数の間で成り立ついろいろな公式を導いたり、三角関数のグラフを描きます。サイン・コサインはきれいな波の形をしているのに気づくでしょう。

　4章では、微分積分について簡単な説明をし、三角関数の導関数を求めます。さらに、sin、cos を x^n の無限個の和で表すべき級数展開を考えます。べき級数を考えるときは、その"収束条件"を考えなければなりませんが、その説明は煩雑になることと、本書では三角関数と指数関数の展開しか考えないので、"収束条件"はあまり必要ないと考え、省略しました。

　5章では、オイラーの公式に現れるもう一つの関数である指数関数とその逆である対数関数について見ていきます。そして、指数関数をべき級数に展開します。

　6章では、虚数単位 i を導入し、変数の範囲を複素数まで拡張し、オイラーの公式を導きます。

　7章は、関数を sin、cos の無限個の和で表すフーリエ級数を導き、さらに、フーリエ変換を考えます。そして、それらが現代の技術にどのように応用されているか、その一端を見ます。

　以上が本書の内容ですが、4章以後は内容が難しくなっています。できるだけ平易に解説しようと試みたつもりですが、内容の難しさや筆者の力量不足でその目的が達成されたか心配です。せめて、三角関数はこのようなものかという雰囲気を感じて、三角関数に親しみを感じていただければ、筆者の望外の喜びです。

　最後に、本書執筆の機会を与えてくださいました㈱オリンポスの村田道義さん、校正やイラスト等で大変お世話になりました㈱オリンポスの伊藤笑子さん、その他、ご協力下さいました多くの方に深く感謝いたします。

佐 藤 敏 明

目　次

はじめに

Chapter 1　三角形と三角比

ピラミッドの高さを測ろう　数学のあけぼの ……………………10
似たものどうし　三角形の相似 ……………………………………12
tan（タンジェント）の登場　tan の定義 ……………………14
tan の値を求めよう　tan の値 …………………………………16
銅像の高さを測ろう　tan の利用 …………………………………18
電卓で計算しよう　電卓の利用 ……………………………………20
ロープウェイで山に登ろう　sin の登場 …………………………22
sin（サイン）、cos（コサイン）の登場　sin、cos の定義 …24
sin、cos の値を求めよう　sin、cos の値 …………………26
2100年前の表　三角比の表 …………………………………………28
$sin\ 0°$、$cos\ 0°$、$tan\ 0°$ の考え方
　　0°、90°に対する三角比の値 …………………………………30
地球の半径を測ろう　sin、cos の利用 ………………………32
いろいろな数　数の発展 ……………………………………………34
$\sqrt{\ }$（ルート）をかぶった数　無理数 ………………………36
ピタゴラスの定理　無理数の発見 …………………………………38
数と直線上の点の対応　数直線 ……………………………………40
$\sqrt{2}\times\sqrt{3}$ の考え方　$\sqrt{\ }$ の計算 …………42
特別な角　30°、45°、60° ……………………………………………44
sin、cos、tan の三角関係　三角比の相互関係 ……………46

三角比の表は半分で足りる　三角比の性質・・・・・・・・・・・・・・・・・・・・・・・・48
鋭角から鈍角へ　鈍角の三角比・・・・・・・・・・・・・・・・・・・・・・・・・・・・・・・・50
鈍角は鋭角より求める　鈍角の三角比は鋭角の三角比から・・・・・・・・52
コラム　円の1周は360度・・・・・・・・・・・・・・・・・・・・・・・・・・・・・・・・・・・・・・54

Chapter 2　三角比の利用

パラソルからブイまでの距離は　正弦定理の考え方・・・・・・・・・・・・・・・56
2つの角と1つの辺から　正弦定理・・・・・・・・・・・・・・・・・・・・・・・・・・・・・58
sin と外接円　正弦定理の完成・・・・・・・・・・・・・・・・・・・・・・・・・・・・・・・・60
見通せる場所から　正弦定理の利用(1)・・・・・・・・・・・・・・・・・・・・・・・・・62
山の高さを求めよう　正弦定理の利用(2)・・・・・・・・・・・・・・・・・・・・・・・64
三角形に外接する円　正弦定理の利用(3)・・・・・・・・・・・・・・・・・・・・・・66
2つのモニュメント間の距離は　余弦定理の考え方・・・・・・・・・・・・・・・68
2つの辺と1つの角から　余弦定理・・・・・・・・・・・・・・・・・・・・・・・・・・・・・70
ベガとアルタイルの距離を測ろう　余弦定理の利用(1)・・・・・・・・・72
辺から角へ　余弦定理の利用(2)・・・・・・・・・・・・・・・・・・・・・・・・・・・・・・・74
対岸の2点間の距離を測る（問題編）
　　正弦・余弦定理の利用(問題編)・・・・・・・・・・・・・・・・・・・・・・・・・・・・・76
対岸の2点間の距離を測る（解答編）
　　正弦・余弦定理の利用(解答編)・・・・・・・・・・・・・・・・・・・・・・・・・・・・・78
面積と三角比　三角形の面積の公式・・・・・・・・・・・・・・・・・・・・・・・・・・・80
3辺から三角形の面積を求める　ヘロンの公式・・・・・・・・・・・・・・・・・82
牧草地の面積を求めよう　面積の公式の応用・・・・・・・・・・・・・・・・・・84
三角形に内接する円　内接円と面積の公式・・・・・・・・・・・・・・・・・・・・・86
コラム　日本での三角比・・・・・・・・・・・・・・・・・・・・・・・・・・・・・・・・・・・・・・・88

Chapter 3 波の関数・三角関数

sin、*cos*、*tan* の生い立ち(1)　円から生まれた*sin*……………90
sin、*cos*、*tan* の生い立ち(2)　三角比から三角関数へ………92
平面に番地をつけよう　座標……………………………………94
数と数との関係　関数……………………………………………96
関数を目で見よう　関数のグラフ………………………………98
360°よ、さようなら　弧度法……………………………………100
ぐるぐる回る角　一般角…………………………………………102
三角比から三角関数へ　三角関数の定義………………………104
三角関数の値を求めよう　三角比の表の利用…………………106
sin の値は0°から90°の値で決まる
　　sin、*cos*、*tan* の性質……………………………………108
正弦曲線（サインカーブ）　*sin* のグラフ………………………110
正弦曲線が90°ずれた曲線　*cos* のグラフ……………………112
波を表す関数　関数 *sin*、*cos* の性質…………………………114
波を伸ばしたり縮めたり　振幅、周期を変える………………116
波をずらす　グラフの平行移動…………………………………118
不思議な*tan* のグラフ　*tan* のグラフ…………………………120
不連続な*tan* のグラフ　関数 *tan* の性質……………………122
再び*sin*、*cos*、*tan* の三角関係
　　sin、*cos*、*tan* の相互関係　その2……………………124
2角の和の*sin* の値は　加法定理(1)……………………………126
2角の和の*cos*、*tan* の値は　加法定理(2)……………………128
角が2倍になると　2倍角の公式…………………………………130
角が半分になると　半角の公式…………………………………132

足し算をかけ算へ　和・差から積の公式・・・・・・・・・・・・・・・134
かけ算を足し算へ　積から和・差の公式・・・・・・・・・・・・・・・136
sin、cosを合わせたら　三角関数の合成・・・・・・・・・・・・・・・138
"波"すなわち"sin"　三角関数のまとめ・・・・・・・・・・・・・・・140
コラム　トレミーの定理・・・・・・・・・・・・・・・・・・・・・・・・・・・・・142

Chapter 4　三角関数と微分・積分

$sin\,x$をxでバラバラにする　$sin\,x$のべき級数展開・・・・・・144
微分と導関数　微分の定義・・・・・・・・・・・・・・・・・・・・・・・・・146
$y = x^n$を微分してみよう　微分の計算(1)・・・・・・・・・・・・148
$y = sin\,x$を微分してみよう　微分の計算(2)・・・・・・・・・・150
$y = cos\,x$を微分してみよう　微分の計算(3)・・・・・・・・・・152
微分は何回でもできる　高次導関数・・・・・・・・・・・・・・・・・・154
$sin\,x$を展開しよう　$sin\,x$のべき級数展開・・・・・・・・・・・・156
微分と積分は逆操作　積分の定義・・・・・・・・・・・・・・・・・・・・158
不定積分から定積分へ　定積分の定義・・・・・・・・・・・・・・・・160
コラム　ライプニッツ(Leibniz)・・・・・・・・・・・・・・・・・・・162

Chapter 5　もう一つの関数・指数関数

オイラーの公式とは　三角関数と指数関数の関係・・・・・・・・164
3^0、3^{-2}の意味　指数の拡張(1)・・・・・・・・・・・・・・・・・・・166
$3^{\frac{1}{2}}$、$3^{\sqrt{2}}$の意味　指数の拡張(2)・・・・・・・・・・・・・・・・・・・168
急激に増加する関数　指数関数の定義・・・・・・・・・・・・・・・・170
かけ算を足し算にする　対数の定義・・・・・・・・・・・・・・・・・・172

ゆっくりと増加する関数　対数関数の定義 ……………………174
微分すると分数に　対数関数の微分 ……………………………176
微分しても変わらない関数　指数関数の微分 …………………178
e^xを無限個のx^nの和で表す　e^xのべき級数展開 ……………180
コラム　三角関数の仲間 …………………………………………182

Chapter 6　三角関数と指数関数の出会い

2乗すると負になる数　虚数単位i ……………………………184
2つの数からなる1つの数　複素数 ……………………………186
iの世界のカケヒキ　複素数の四則演算 ………………………188
iの世界のsin　複素数に対するsinの値 ……………………190
複素数と三角関数　複素関数としての$sin\, z$ …………………192
三角関数と指数関数の出会い　オイラーの公式 ………………194
iの世界の指数関数e^z　$e^z \times e^w = e^{z+w}$が成り立つ …………196
複素数のかけ算は回転移動　複素数の極形式 …………………198
iの世界の微分(1)　z^nの微分 …………………………………200
iの世界の微分(2)　$sin\, z$、$cos\, z$、e^zの微分 ………………202
コラム　オイラー(Euler) …………………………………………204

Chapter 7　フーリエの世界

sin、cosの無限個の和　フーリエ級数(1) ……………………206
xをsin、cosの無限個の和で表す　フーリエ級数(2) ………208
関数$f(x)$をsin、cosの無限個の和で表す
　フーリエ級数(3) …………………………………………………210

*i*の世界での*sin*、*cos*の無限個の和　複素フーリエ級数………212
交流回路と三角関数（1）　微分方程式………………………………214
交流回路と三角関数（2）　複素フーリエ級数の意義………………216
魔法の変換　フーリエ変換……………………………………………218
フーリエの世界　現代で必要不可欠な道具"三角関数"……………220
コラム　フーリエ（Fourier）……………………………………………222

索引……………………………………………………………………223
三角比の表……………………………………………………………226

Chapter 1

三角形と三角比

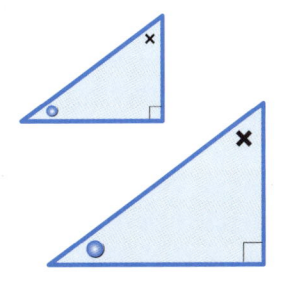

ピラミッドの高さを測ろう

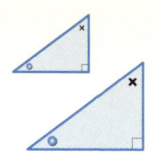

～数学のあけぼの～

　sin（サイン）、*cos*（コサイン）、*tan*（タンジェント）が奏でる調和の世界、現代の技術文明を陰で支える三角関数の世界にこれから旅立つことにしよう。この旅は、「直角三角形に関する*sin*、*cos*、*tan*」を見ていくことから始まる。

　その出発点は、今から約2600年前のギリシアまでさかのぼる。当時はエジプトが文明の中心地であった。エジプトでは、ナイル川の定期的な氾濫のため区画整理した耕地が流されるので、それを復元するために測量技術が発達していた。ギリシアの都市ミレトスのタレスという商人は商用でエジプトに渡り、そこにしばらく滞在している間に、エジプトの神官から数学と天文学に関する多くの知識を学んだ。それらの知識を用いてピラミッドの高さを測定し、エジプトのアマシス王を驚かせたという。

　彼はギリシアに帰ってからも数学や天文学を研究した。エジプトで用いられた技術は経験的に得られたもので、なぜその技術が成り立つのかという論理的な説明がなされなかった。そこで彼は、すでに知られている結果からそれらの技術を論理的に説明するという手法をとった。今日の数学はこのタレスから始まるといわれる。

　さて、タレスが解いたピラミッドの高さを測る問題を現代風にアレンジして言いかえると次のようになる。

　「夕方の4時頃ピラミッドの影の長さを測定したら、図のようにピラミッドの底面の中心から影の先端までの長さが180mであった。次にピラミッドのそばに長さ2mの棒を立て、棒の影の長さを測ったら5mであった。ピラミッドの高さは何mか。」

三角比のはじまり

タレスの功績

タレス
（紀元前624～546年頃）

すでに知られていることから新しい結果を導くのだ。
＝
科学的「証明」の創始

ギリシア七賢人のひとりで、自然哲学の祖といわれる。「万物の根源は水」で有名。

ピラミッドの高さを測る

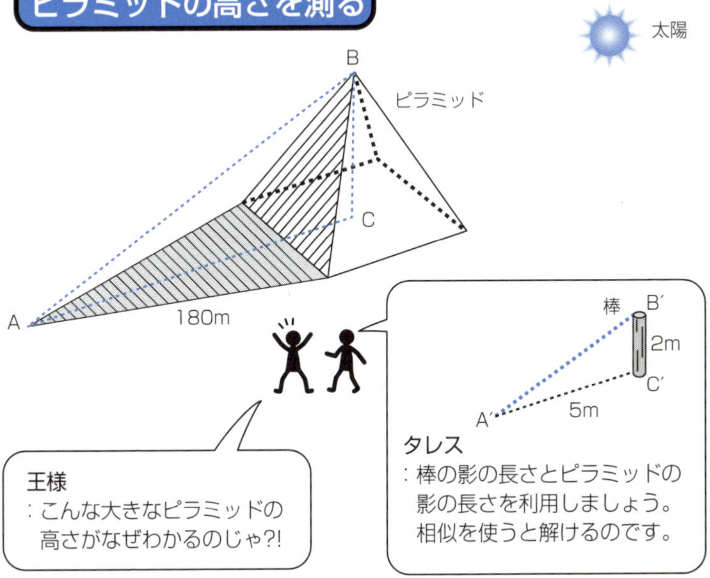

太陽

B
ピラミッド
C
A ─── 180m

棒 B'
2m
A' ⋯ 5m ⋯ C'

王様
：こんな大きなピラミッドの高さがなぜわかるのじゃ?!

タレス
：棒の影の長さとピラミッドの影の長さを利用しましょう。相似を使うと解けるのです。

似たものどうし

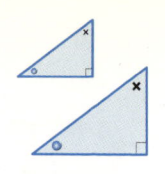

～三角形の相似～

中学校で学ぶ図形の性質の多くは、タレスが証明したものである。その中に「2つの三角形は対応する辺がすべて平行であるならば、それらは互いに相似である。」というのがある。

相似とはどういう意味だろうか。図1の△ABCと△AB'C'を比べると、ACの長さはAC'の長さの2倍で、BCの長さもB'C'の長さの2倍である。それでは、ABの長さはAB'の長さの何倍になっているか。測ってみると、2倍になっていることがわかる。

つまり $\dfrac{AC}{AC'} = \dfrac{BC}{B'C'} = \dfrac{AB}{AB'} = 2$ が成り立っている。

そこで、2つの三角形にこのような関係があるとき、つまり、対応するそれぞれの辺の長さの比率が等しいとき、2つの三角形は相似であるという。また、△ABCと△AB'C'が相似であるとき、記号で△ABC∽△AB'C'と書く。結局、相似とは形が同じで大きさだけが異なる似たものどうしのことをいう。

さて、これらのことからピラミッドの高さBCを求めてみよう。太陽光線は地球に平行にそそいでいるから、AB∥A'B'（この記号∥は2つの線分ABとA'B'が平行であることを示している）、BCとB'C'は地面に垂直だからBC∥B'C'、ACとA'C'は地面に引いた線分で、AB∥A'B'、BC∥B'C'だからAC∥A'C'である。よって、タレスが示した上記の定理より△ABC∽△A'B'C'である。そこで、AC=180mは、A'C'=5mの36倍だから、BCはB'C'の36倍で、BC=2×36=72mである。

このように、相似を利用して大きなものの高さが求められる。

「相似」という考え方

相似な三角形

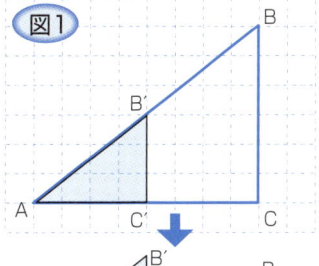

図1

$$\frac{AC}{AC'} = \frac{BC}{B'C'} = \frac{AB}{AB'} = \frac{2}{1}$$

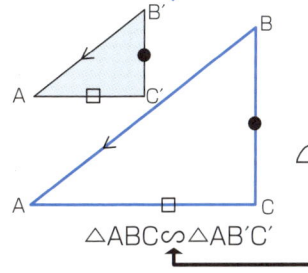

のとき、
△ABC∽△AB'C'

タレス: 対応する辺がすべて平行ならば、互いに相似な三角形である。

△ABC∽△AB'C'

相似を表す記号。英語のsimilar(相似の意)の頭文字Sを横にしたもの。

ピラミッドの高さを求める

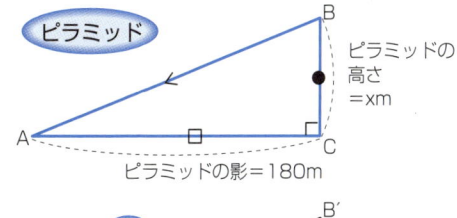

ピラミッド
- ピラミッドの高さ = x m
- ピラミッドの影 = 180m

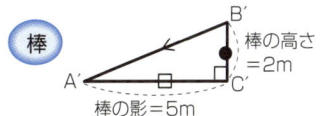

棒
- 棒の高さ = 2m
- 棒の影 = 5m

ピラミッドと棒の影と高さでつくる三角形は互いに相似。

$$\frac{x}{2} = \frac{180}{5} = 36$$ だから

$x = 2 \times 36 = \underline{72m}$

ピラミッドの高さ

tan (タンジェント) の登場

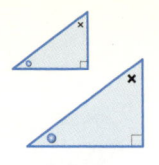

～*tan* の定義～

　前項でピラミッドの高さを求めるとき、棒を立てて別の相似な三角形を作った。そこでこの相似の考え方を用いて、*tan* の定義をしていくことにしよう。

　ところで、ピラミッドの高さを測ったときは直角三角形を考えた。これからも直角三角形が重要な役割を演ずるので、直角三角形の辺に名前を付けておこう。図１の∠C＝90°の直角三角形ABCで、辺ACを∠Aの隣辺、辺BCを∠Aの対辺、辺ABを斜辺ということにする。

　さて、図２のような２つの相似な直角三角形ABCと直角三角形AB′C′を考えよう。AC＝8、BC＝6、AC′＝4、B′C′＝3だから、$\frac{BC}{AC} = \frac{B'C'}{AC'} = \frac{3}{4}$ が成り立つ。つまり、相似な直角三角形では、直角三角形の大小に関係なく $\frac{(対辺)}{(隣辺)}$ の値は一定であることがわかる。しかし、∠Aの角度が図２のようにαからβに変化すると、線分BC、B′C′との交点はそれぞれD、D′になり、∠Aがαの場合とβの場合では $\frac{(対辺)}{(隣辺)}$ は等しくない。

　これらのことから、直角三角形の大きさに関係なく、$\frac{(対辺)}{(隣辺)}$ のことを∠Aを用いて *tan A* と呼ぶことにする。

主役その1. *tan*（タンジェント）

直角三角形の辺の名前

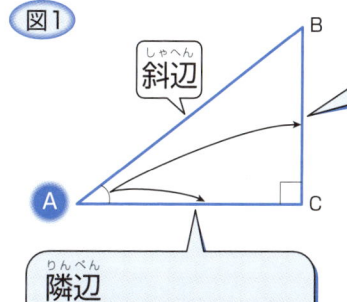

図1

- 斜辺
- 対辺：∠Aに向かい合っている辺という意味。
- 隣辺：∠Aに接している（隣にある）辺という意味。

∠Aを基準にした呼び名だよ

（Aの角度を「∠A」と書く。）

tan（タンジェント）とは

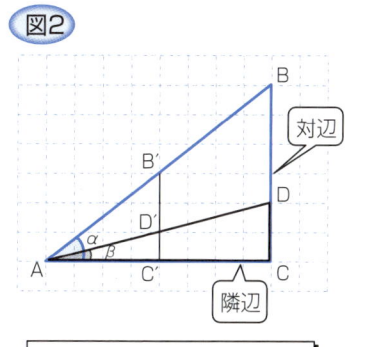

図2

∠A＝αのとき

$$\frac{BC}{AC} = \frac{B'C'}{AC'} = \frac{3}{4}$$

∠A＝βのとき

$$\frac{DC}{AC} = \frac{D'C'}{AC'} = \frac{1}{4}$$

$$tanA = \frac{BC}{AC} = \frac{(対辺)}{(隣辺)}$$

$\frac{(対辺)}{(隣辺)}$ は∠Aの大きさで決まる

$\tan$ の値を求めよう

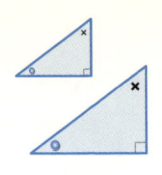

〜$\tan$ の値〜

前項で、∠Cが直角である直角三角形ABCで $\tan A = \dfrac{(対辺)}{(隣辺)}$ と定義した。そこで、図1のように隣辺の長さを1（AC=1）にすると、$\tan A =$（対辺）になる。つまり、$\tan A$ は、隣辺の長さを1にしたときの対辺の長さのことをいう。

それでは、このことを用いて10ページのピラミッドの高さを求めてみよう。まず、∠Aの大きさが必要となる。測定すると約22°であった。そこで、図2のように、隣辺の長さが1の直角三角形AB′C′を作ると、B′C′の長さが $\tan 22°$ になる。AC′の長さが1だからACの長さは、AC′の長さの180倍であることがすぐわかる。したがって、BCの長さは、B′C′の長さの180倍となり、BC=180×$\tan 22°$ で求められる。あとは $\tan 22°$ の値を求めればよい。

そのために図3のような半径5cmの2°刻みの分度器を用意して、直線OXから22°の角度をなす直線を引き、直線MNとの交点をPとする。Pから直線OYに垂直になる直線（垂線という）を下ろし、その交点をQとする。Qの目盛りを読むと約2cm（OQ=2）であった。

直角三角形OPMで（隣辺）=OM=5、（対辺）=PM=OQ=2であるから、$\tan 22° = \dfrac{2}{5} = 0.4$ である。よって、ピラミッドの高さBCは、BC=180×0.4=72mと求めることができる。

このように $\tan$ を使えば、距離と角度を測定することによって、いろいろな建築物や山などの高さを求めることができる。

それでは、次項で銅像の高さを求めてみよう。

tanと対辺の関係

tanA = 対辺となる三角形

図1

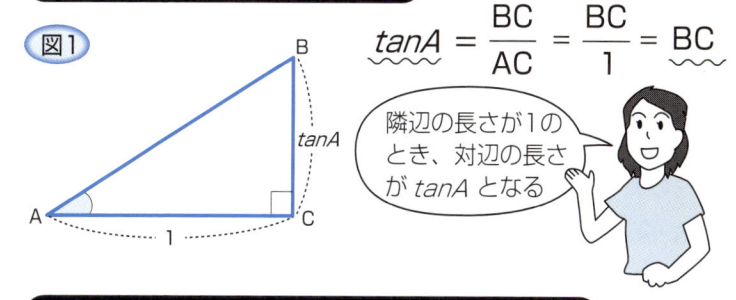

$$tanA = \frac{BC}{AC} = \frac{BC}{1} = BC$$

隣辺の長さが1のとき、対辺の長さが tanA となる

tanAを利用してピラミッドの高さを求める

図2

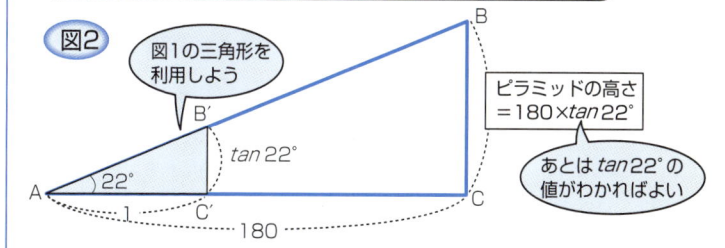

図1の三角形を利用しよう

ピラミッドの高さ = 180 × tan22°

あとは tan22°の値がわかればよい

tan22°の値を求める

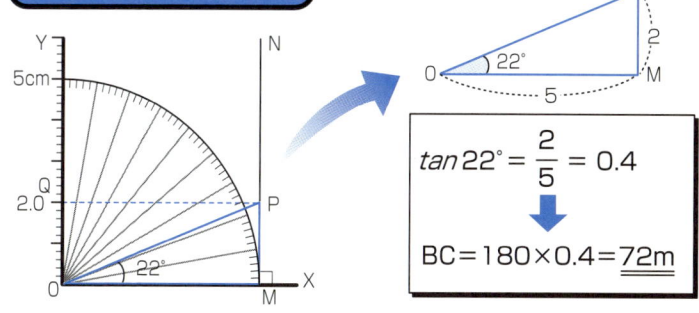

$$tan22° = \frac{2}{5} = 0.4$$

↓

BC = 180 × 0.4 = <u>72m</u>

銅像の高さを測ろう

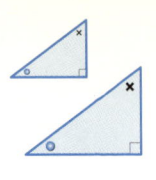

～tan の利用～

『太郎君が散歩に行く公園に大きな銅像が建っている。太郎君はこの銅像の高さを測ろうと思ったが、柵に囲まれているので銅像の真下まで行くことができない。そこで、はじめA地点で銅像の頂点Bの仰角(水平面から見上げた角度、測り方は22ページ)を測ると42°であった。そこから6m銅像に近付いたC地点において銅像の頂点Bの仰角を測ると58°であった。太郎君の目の高さを1.5mとして、これらのことから銅像の高さを求めてみよう。』

数学では、問題を解くときに数値を使うよりも文字で表して解いたほうがわかりやすいことがある。こうすると、数値が変わった場合にも適用できる利点もある。そこで、はじめに文字を使って解いて、次にその文字に数値を当てはめて計算することにしよう。

図2において、∠BAD=α、∠BCD=β、AC=a、目の高さをdとし、CD=x、BD=yとする。求める銅像の高さはy+dである。直角三角形ABDにおいて、前ページの方法を使うと、図3より $y=(a+x)\times \tan\alpha$ であり、直角三角形CBDにおいても、$y=x\times \tan\beta$ である。この2式はともに、左辺がyであるから、$x\times \tan\beta=(a+x)\times \tan\alpha$ が成り立つ。この式をxに注目して解くと、$x=\dfrac{a\times \tan\alpha}{\tan\beta-\tan\alpha}$ となる。これを $y+d=x\times \tan\beta+d$ のxに当てはめて、$y+d=\dfrac{a\,\tan\alpha\,\tan\beta}{\tan\beta-\tan\alpha}+d$ が求められる。

最後の式に $\alpha=42°$、$\beta=58°$、$a=6$、$d=1.5$ を当てはめて計算すれば、銅像の高さが求められる。その計算は次項でしよう。

銅像の高さを測ろう

図1

銅像の頂点

仰角：見上げた角度

太郎君の目の高さ

A ∠42° C ∠58° D

1.5m

6m

太郎君の立つ位置

図2

文字で表して考える。

求める銅像の高さは、y+d

A — α — C — β — D
a, x, d, y

対辺がtanとなる三角形を利用する。

図3

$y = (a+x) \times tan\alpha$

$y = x \times tan\beta$

$tan\alpha$, α, a+x

$tan\beta$, β

$(a+x) \times tan\alpha = x \times tan\beta$

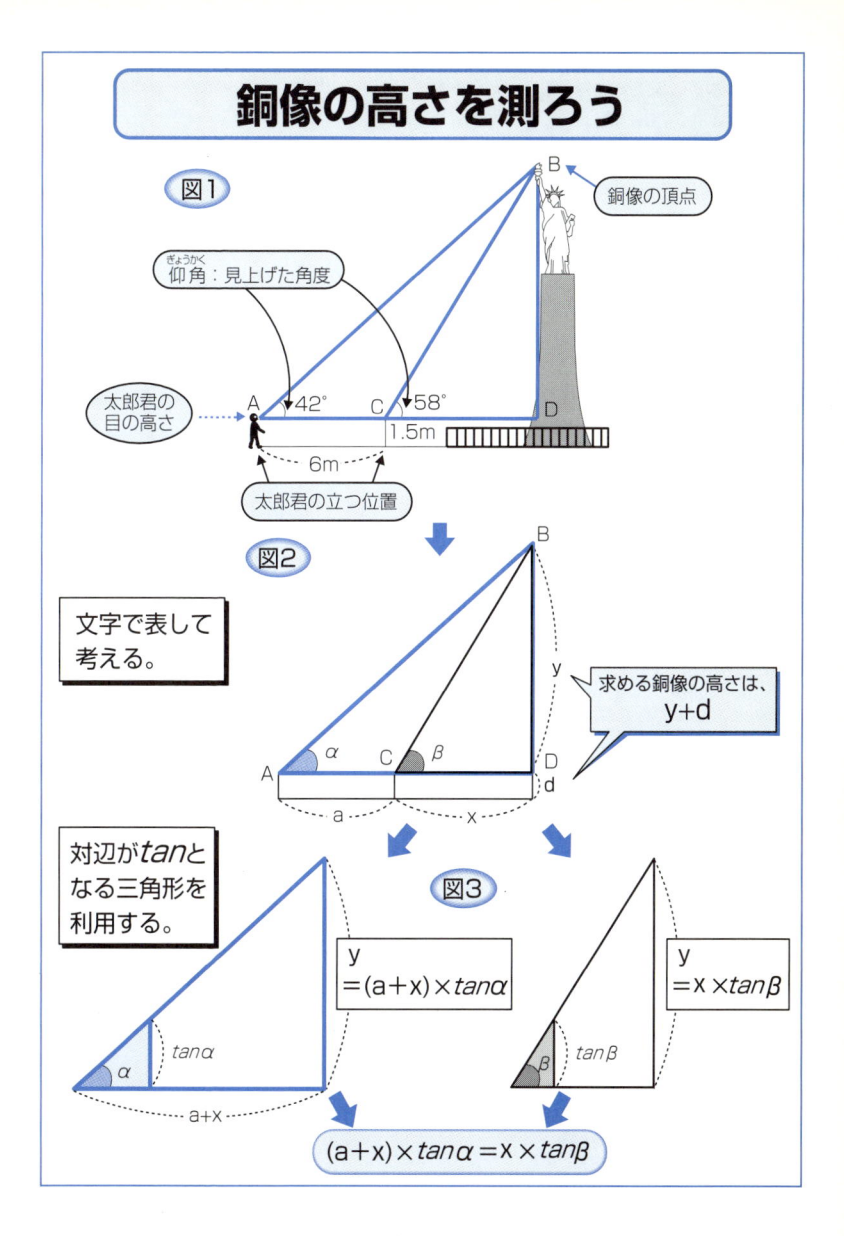

電卓で計算しよう

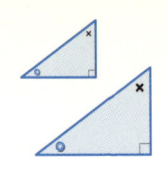

~電卓の利用~

さて、前項で求めた式 $y+d=\dfrac{a\tan\alpha\tan\beta}{\tan\beta-\tan\alpha}+d$ に、$\alpha=42°$、$\beta=58°$、$a=6$、$d=1.5$ を当てはめて、銅像の高さを求めよう。

$\tan 42°$、$\tan 58°$ は、17ページと同じように、半径5cmの分度器を使って求めると、$\tan 42°=0.9$、$\tan 58°=1.6$ である。あとは数値を当てはめて計算をすればよい。しかし、鉛筆で計算するとなかなか大変である。そこで、電卓を利用して計算することにしよう。ふだん何気なく使っている電卓だが、いろいろな機能があるのでそれを利用して計算しよう。電卓での計算方法は、「電卓コーナー」に示しておくことにする。右ページの「電卓コーナー」のようにキーを押して計算すると、銅像の高さは約13.8mになる。

それでは、キーの簡単な説明をしよう。 AC を押すと、すべてのデータが消える。 C を押すと、表示されている数値だけが消えて、メモリに記憶されている数値、足し算などの演算は消えない。 M+ を押すと、表示の数字がプラスの数として、以前から記憶されていた数値と足し算され、その和が新たにメモリに記憶される。電卓のメモリは1つの数値しか記憶されないので、このように足し算された結果が記憶される。 M− を押すと、表示の数字が、メモリの中にマイナスの数として、以前から入っていた数値と足し算され（マイナスを足し算するから、実は引くことになる）、その和（実は差）が、新たにメモリに記憶される。 MR を押すと、メモリに記憶されている数値が表示される。

数値を入れて計算しよう

（前項の続き）

$$y+d = \frac{a \times \tan\alpha \times \tan\beta}{\tan\beta - \tan\alpha} + d$$

数値を代入して計算する。

分度器を使うと、
$\tan\alpha = \tan 42° = 0.9$
$\tan\beta = \tan 58° = 1.6$

また、$a=6$、$d=1.5$

$$y+d = \frac{6 \times 0.9 \times 1.6}{1.6 - 0.9} + 1.5$$

電卓を使って計算してみよう。

電卓コーナー

[AC] 1 [.] 6 [−] [.] 9 [M+] 6 [×] [.] 9 [×] 1 [.] 6 [÷] [MR]
[+] 1 [.] 5 [=] → __13.8m__ （答え）
　　　　　　＊

ポイント
- 割り算は割る数（分数は分子）から計算する。
- [AC]…残っているデータをすべて消しておく。
- [.]9…0.9のときは、0を押さなくてよい。
- [M+]…1.6−0.9（＊の部分）の計算結果をメモリに入れる。
- [÷][MR]…割り算をするので、割る数をメモリから呼び出す。

ロープウェイで山に登ろう

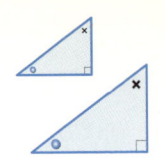

～sin の登場～

前項で銅像の高さを求める式 $\dfrac{a\,tan\alpha\,tan\beta}{tan\beta - tan\alpha} + d$ を導いたが、この式を使うといろいろな場所で建物などの高さを簡単に求めることができる。この式を利用するには、α、βの角度と対象物までの距離、そして目の高さがわかればよい。角度を測る道具としては、図1のような少し大きめの分度器の中心に穴をあけ、そこに糸を通しておもりをつるす。目と分度器の直径と対象物が、一直線になるように見上げて、垂れた糸の角度を測る。その角度から90°を引けば、仰角が求められる。tan の値は、後で説明するように、0°から90°までの角度に対する tan の値を求める表が巻末にあるので、それを見ればすぐに求められる。距離は歩幅で測ればだいたいの距離が求められるし、目の高さは身長からだいたいわかる。測り方が大ざっぱなので誤差がでてくるが、だいたいの値は求められる。

さて、次の問題を考えてみよう。

『太郎君は花子さんとハイキングに行き、途中でロープウェイに乗ることにした。このロープウェイは、分速120mで走り、7分かけて山麓駅Aから山頂駅Bに到達する。平均斜度が26°であるという、山麓駅Aと山頂駅Bとの標高差はどのくらいなのだろうか。』

分速120mで7分間走るから、ロープウェイが走る距離は、120×7＝840mである。このような場合は図2のように、直角三角形を考えることができる。ここでは、隣辺がわからないから tan が使えない。斜辺の値を利用して、対辺（標高差）を求めなければならない。そこで、斜辺と対辺の比を考える。これが sin である。

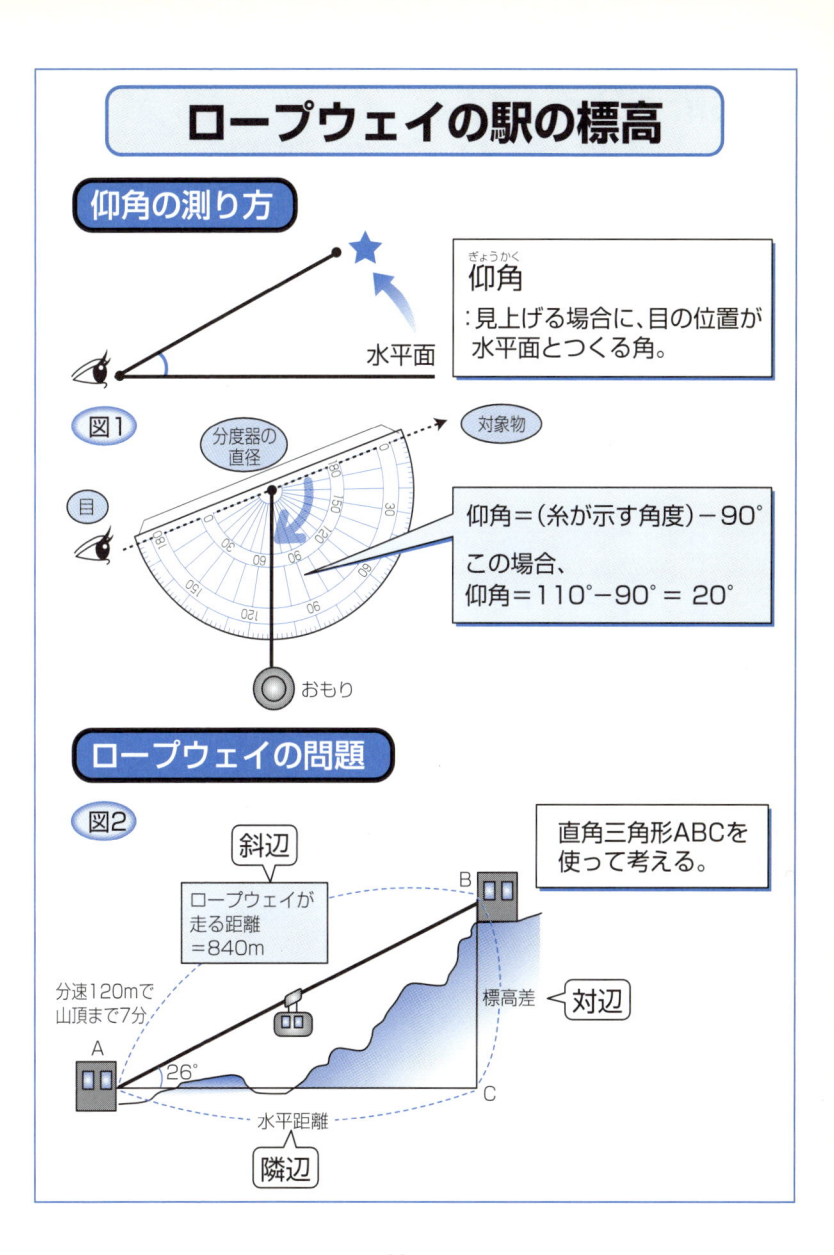

ロープウェイの駅の標高

仰角の測り方

仰角
：見上げる場合に、目の位置が水平面とつくる角。

図1

仰角＝（糸が示す角度）－90°

この場合、
仰角＝110°－90°＝20°

おもり

ロープウェイの問題

図2

直角三角形ABCを使って考える。

斜辺

ロープウェイが走る距離
＝840m

分速120mで山頂まで7分

標高差　対辺

26°

水平距離

隣辺

sin(サイン)、cos(コサイン) の登場

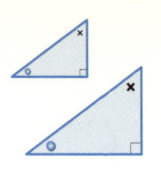

～sin、cos の定義～

前項で、斜辺と対辺の関係であるsinが登場した。ここで、sinともう一つ重要な関係であるcosを見ていこう。

図1で相似な2つの直角三角形ABCと直角三角形AB'C'を考える。ABとAB'の長さを測ると、それぞれ4cm、2cm、また、BC、B'C'は2.4cm、1.2cmであるから $\dfrac{BC}{AB} = \dfrac{B'C'}{AB'} = \dfrac{3}{5}$ である。

つまり、相似な直角三角形では、直角三角形の大きさに関係なく $\dfrac{(対辺)}{(斜辺)} = (一定)$ である。

次に、∠Aの大きさを変えて、図1の∠A＝β の場合について考える。ADの長さを測ると、約3.1cmだから $\dfrac{BC}{AB} \neq \dfrac{DC}{AD}$（記号≠は"両辺は等しくない"という意味）。つまり、∠Aの大きさで、$\dfrac{(対辺)}{(斜辺)}$ の値は変わる。以上のことから、$\dfrac{(対辺)}{(斜辺)}$ の値は、直角三角形の大きさに関係なく、∠Aの大きさで決まるので、これを $sin\ A$ と書く。

最後に、3つ目の辺の組合せ $\dfrac{(隣辺)}{(斜辺)}$ も $\dfrac{(対辺)}{(斜辺)}$ と同じように直角三角形の大きさに関係なく、∠Aの大きさだけで決まる。そこで $\dfrac{(隣辺)}{(斜辺)} =$ を $cos\ A$ と書く。

このsin、cos、tan をまとめて三角比という。

残りの主役・sin と cos

sin(サイン)、cos(コサイン)とは

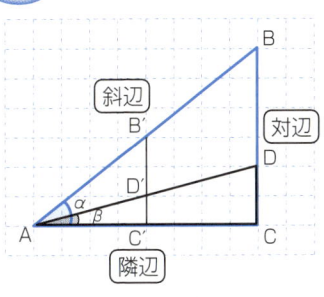

図1

∠A＝αのとき

$$\frac{BC}{AB} = \frac{2.4}{4}、\frac{B'C'}{AB'} = \frac{1.2}{2}$$

⬇

$$\frac{BC}{AB} = \frac{B'C'}{AB'} = \frac{3}{5}$$

∠A＝βのとき

$$\frac{DC}{AD} = \frac{D'C'}{AD'} = \frac{0.7}{3.1}$$

(図中ラベル: 斜辺、対辺、隣辺、B、B'、D、D'、C、C'、A、α、β)

$\dfrac{(対辺)}{(斜辺)}$ は∠Aで決まる($sinA$)。 $\dfrac{(隣辺)}{(斜辺)}$ も∠Aで決まる($cosA$)。

三角比のまとめ

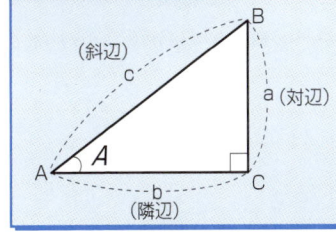

(図中ラベル: 斜辺 c、対辺 a、隣辺 b、A、B、C)

$$sinA = \frac{a}{c} = \frac{(対辺)}{(斜辺)}$$

$$cosA = \frac{b}{c} = \frac{(隣辺)}{(斜辺)}$$

$$tanA = \frac{a}{b} = \frac{(対辺)}{(隣辺)}$$

三角比の覚え方　(アルファベットの筆順で覚えよう！)

𝒮in　𝒞os　𝒯an

sin、*cos* の値を求めよう

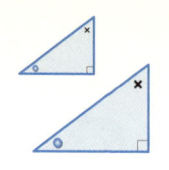

〜*sin*、*cos* の値〜

　前項までに、*sin*、*cos*、*tan* が出そろった。この3つの日本語名は、*sin* が正弦、*cos* が余弦、*tan* が正接である（なぜ"弦"なのかは、90ページ参照）。ここで、*sin*、*cos* の値を求めてみよう。

　前項で、∠C＝90°である直角三角形にABCにおいて、∠A＝α とするとき、$sin\,\alpha=\dfrac{（対辺）}{（斜辺）}$、$cos\,\alpha=\dfrac{（隣辺）}{（斜辺）}$ と定義した。このとき、斜辺の長さを1にすると、図1より、対辺BCの長さがBC＝$sin\,\alpha$、隣辺ACの長さがAC＝$cos\,\alpha$ になる。

　それではこのことを使って、22ページのロープウェイの標高差と水平距離を求めてみよう。まず、*sin* 26°、*cos* 26°の値が必要だ。

　図2のように、OXから点Oを中心に26°回転した直線と円との交点をPとし、PからOYに垂線を下ろしその交点をQとする。点Qの目盛り（OQの長さ）を読むと、2.2cmである。PからOXに垂線を下ろしその交点をRとする。点Rの目盛り（ORの長さ）を読むと、4.5cmである。したがって、

$$sin\,26°=\dfrac{PR}{OP}=\dfrac{2.2}{5}=0.44 \qquad cos\,26°=\dfrac{OR}{OP}=\dfrac{4.5}{5}=0.9$$

　さて、ロープウェイの問題に戻ると、図3のような直角三角形になるから、斜辺の長さAB＝120×7＝840mであることより、

　標高差　　BC＝840×*sin* 26°＝840×0.44＝369.6 m
　水平距離　AC＝840×*cos* 26°＝840×0.9＝756 m

であることがわかる。これで山麓駅と山頂駅の標高差と水平距離が求められた。

sinと対辺、cosと隣辺の関係

斜辺が1の直角三角形

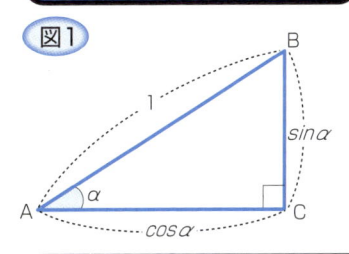

図1

$$\underline{sin\alpha} = \frac{BC}{AB} = BC = (対辺)$$

$$\underline{cos\alpha} = \frac{AC}{AB} = AC = (隣辺)$$

$sin 26°$、$cos 26°$を求める分度器

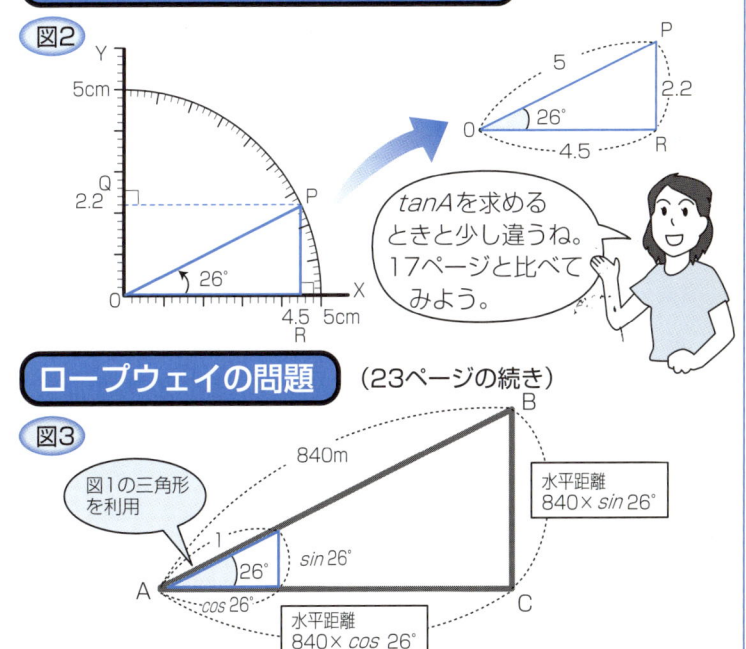

図2

$tanA$を求めるときと少し違うね。17ページと比べてみよう。

ロープウェイの問題 （23ページの続き）

図3

840m

水平距離 $840 \times sin 26°$

図1の三角形を利用

$sin 26°$

$cos 26°$

水平距離 $840 \times cos 26°$

2100年前の表

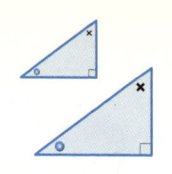

~三角比の表~

いままでは、三角比の値を半径5cmの分度器を使って求めていたが、いつもこの方法で求めるのは面倒だし、値が正確ではない。そこで、角度別の三角比の値を計算で求めておき、表にしておくと、必要なときに表を見るだけで三角比の値がわかるので便利である。この三角比の値の表を「三角比の表」という。

実はこのような表を作る試みは、今から2100年以上も前にすでに行われている。紀元前150年頃、ヒッパルコスが「弦の表」(三角比の表の始まり)を計算したといわれている。その後、150年頃プトレマイオスが、小数第5位まで正確な30′(30分と読む。30分は1度の半分)ごとの弦の表を求めた。しかし、彼の sin や cos の記号は、今日のものとは全く異なっている。その後、15世紀にドイツのレギオモンタヌスが現代の形式に近い形にまとめあげた。

それでは、三角比の表をどのように使うか見てみよう。巻末に0°から90°までの角度に対する三角比の値が示されている三角比の表がある。この表を使って三角比の値を求めよう。

たとえば、$sin 26°$ の値を求めるには、左端の列の26°をさがし、その26°を含む行と sin の列が交わるところに示されている0.4384が $sin 26°$ の値である。つまり、$sin 26°=0.4384$ である。

cos についても同じように、26°を含む行と cos の列が交わるところに示されている0.8988が $cos 26°$ の値である。この表から求めた値と、前項の分度器を用いて求めた値 $sin 26°=0.44$、$cos 26°=0.9$ とを比較してみると、分度器を用いて求めた値は、表から求めた値を小数第3位で四捨五入した値になっている。

三角比を求める便利な表

三角比の表の製作者

紀元前150年頃

ヒッパルコス
（紀元前190〜120年頃）
：ギリシアの天文学者・数学者

紀元後150年頃

プトレマイオス
（127〜151年に活躍）
：エジプトの天文学者・数学者・地理学者

15世紀

現代の形式に近い形へ

レギオモンタヌス
（1436〜1476年）
：ドイツの数学者、sin、cos を天文学から切り離して研究した

三角比の表の使い方

角	sin	cos	tan
0°	0.0000	1.0000	0.0000
1°	0.0175	0.9998	0.0175
25°	0.4226	0.9063	0.4663
26°	0.4384	0.8988	0.4877
27°	0.4540	0.8910	0.5095

表を使うと必要な三角比の値が簡単にわかるね！

$\sin 26° = 0.4384$
$\cos 26° = 0.8988$

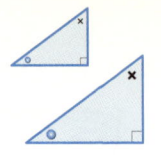

sin 0°、cos 0°、tan 0° の考え方

～0°、90°に対する三角比の値～

　前項では、三角比の表の見方を説明した。この表をよく見ると、0°、90°に対する三角比の値が示されている。ところが、∠C＝90°である直角三角形ABCで、∠A＝0°になったり、∠A＝90°になったりすると、直角三角形ABCはつぶれてしまう。それなのになぜ三角比の値があるのか。これについて考えてみよう。

　まず、0°の場合を考えてみよう。図1の直角三角形PORにおいて、∠POR＝θとおいたとき、θがどんどん小さくなると、対辺PRの長さもどんどん0に近づいていく。そして、θ＝0°のとき、ついに対辺の長さが0になったと考える。このとき、斜辺OPと隣辺ORは重なって同じ長さになるので、（対辺）＝0、（斜辺）＝（隣辺）となる。したがって、$sin\,0° = \dfrac{(対辺)}{(斜辺)} = \dfrac{0}{r} = 0$、

$cos\,0° = \dfrac{(隣辺)}{(斜辺)} = \dfrac{r}{r} = 1$、$tan\,0° = \dfrac{(対辺)}{(隣辺)} = \dfrac{0}{r} = 0$となる。

　90°の場合はどうだろうか。sin、cosでは、∠POR＝θとおいたとき、θが大きくなり90°に近づくと、隣辺ORの長さは0に近づく。そして、ついに0になる。（隣辺）＝0。そのとき、斜辺OPと対辺PRは重なり、同じ長さになるので（斜辺）＝（対辺）となる。あとは、0°の場合と同じようにsin 90°、cos 90°の値が求められる。

　tanでは、17ページの分度器を使った場合と同じように、隣辺を半径OMにとると、対辺は右ページのPMになる。θが大きくなり90°に近づくと、対辺PMの長さは限りなく大きくなるから、θ＝90°のときのtanの値は定まらない。よって、tan 90°の値はない。

キリのいい数値

0°の三角比の値

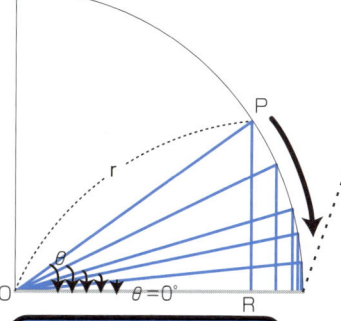

$\theta = 0°$のとき、直角三角形が縦につぶれたと考える。
このとき、

$$sin\, 0° = \frac{0}{r} = 0$$

$$cos\, 0° = \frac{r}{r} = 1$$

$$tan\, 0° = \frac{0}{r} = 0$$

90°の三角比の値

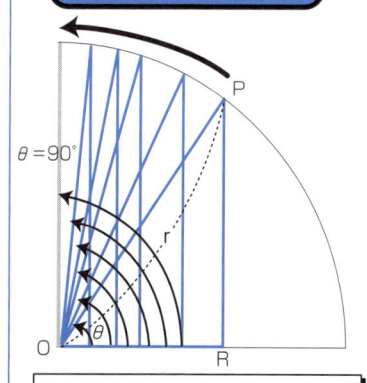

$\theta = 90°$のとき、直角三角形が横につぶれたと考える。
このとき、

$$sin\, 90° = \frac{r}{r} = 1$$

$$cos\, 90° = \frac{0}{r} = 0$$

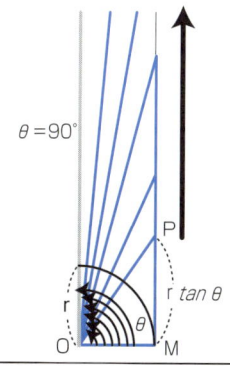

θが90°に近づくと、対辺は限りなく大きくなる。

$$tan\, 90° = 値なし$$

地球の半径を測ろう

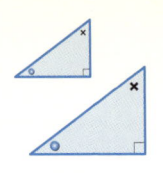

~*sin*、*cos* の利用~

『太郎君は、富士山の頂上で日の出を眺めていた。そのとき太郎君は、この地球はいったいどのくらいの大きさなのだろうか、富士山の山頂から太陽が昇る水平線までの距離はどのくらいなのだろうか、と考えた。

そこで、富士山の頂上から水平線を望み、俯角を測ったら2°であった。富士山の高さを3.8kmとして、*sin*、*cos* を使って地球の半径、水平線までの距離を求めてみよう。』

まず、*sin* を利用して地球の半径Rを求めよう。直角三角形OABを考えると、∠OAB=90°−2°=88°、斜辺AO=R+3.8、対辺BO=Rである。斜辺が1の相似な直角三角形O'AB'を利用すると、図2よりR=(R+3.8)×*sin* 88°が成り立つ。「計算コーナー」のようにして解くと、$R = \dfrac{3.8 \times sin\,88°}{1 - sin\,88°}$ である。ここで、三角比の表から、*sin* 88°=0.9994 だから $R = \dfrac{3.8 \times 0.9994}{1 - 0.9994} ≒ 6330\text{km}$ であることがわかった。実際には、地球は完全な球体ではなく、赤道半径が約6378kmで、極半径が約6357kmである。

そして、*cos* 88°を利用すると、富士山の山頂から水平線までの距離ABも求めることができる。図2を参考にして、三角比の表から、*cos* 88°=0.0349であるので、

AB=(R+3.8)×*cos* 88°=(6330+3.8)×0.034≒215km

この距離は、富士山の頂上からだいたい八丈島くらいまで見渡すことができ、途中に遮る物がなければ日本海も見える距離である。

富士山からの眺め

図1 水平面までの距離／A 富士山 3.8km／88°／B／R／R＝地球の半径／O

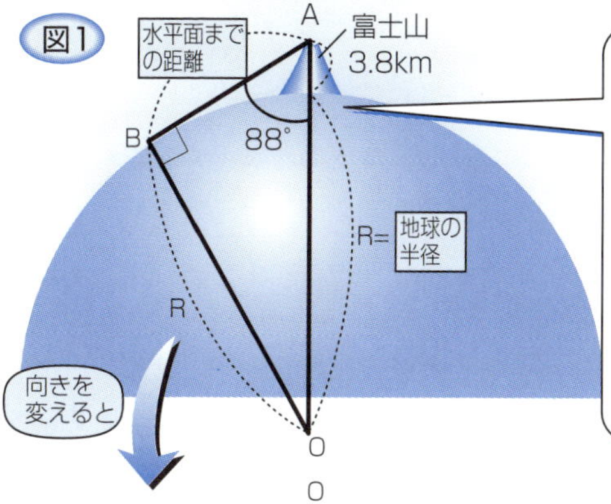

俯角：見下ろす場合に、目の位置が水平面とつくる角。 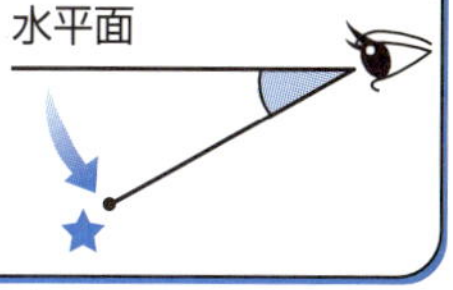
水平面

向きを変えると

図2 O／R+3.8／R／斜辺が1の△O'AB'を想定／O'／1／sin88°／88°／A／cos88°／B'／B

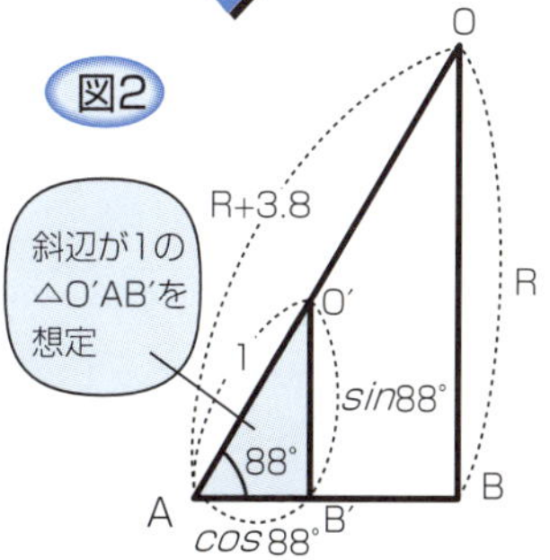

AOはAO'の（R+3.8）倍
↓ 同様に
OBもO'B'の（R+3.8）倍
↓ OB=R O'B'= $\sin 88°$
R＝（R+3.8）× $\sin 88°$

計算コーナー

R＝（R+3.8）× $\sin 88°$

右辺を展開すると、 R＝R× $\sin 88°$ ＋3.8× $\sin 88°$

R× $\sin 88°$ を左辺へ、 R－R× $\sin 88°$ ＝3.8× $\sin 88°$

Rをくくり出すと、 R（1－ $\sin 88°$ ）＝3.8× $\sin 88°$

1－ $\sin 88°$ で割ると、 R＝$\dfrac{3.8 \times \sin 88°}{1 - \sin 88°}$

あとは $\sin 88°$ を三角比の表で調べよう

いろいろな数

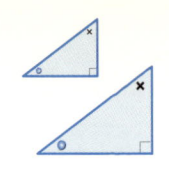

〜数の発展〜

　ここまで、三角比を定義して簡単な応用を試みた。次に、この三角比の間に成り立つ重要な関係式を求めることにする。そのための準備として、まずはいろいろな数について見てみよう。

　人類が誕生して、初めて出会った数は、ものを数えるための1，2，3，…という数である。これを自然数という。次に、3等分するとか4等分するなどのように、ものを分けるときに使われる分数がある。この2種類の数は、今から4000年前つまり紀元前2000年の頃から、エジプトやバビロニアですでに使われていた。ところが、－1，－2，－3，…などのような負の数や0は、古代エジプトはおろか古代ギリシアでも考えられなかった。

　負の数や0を考え始めたのは、5世紀頃のインド人であった。＋の数と－の数との間の関係を「財産」と「負債」との関係に結びつけ、ある方向の相反するものを表すとした。0も、負の数と同じ頃に使われ始めた。この「0の発見」は「すべての数学的発見中、これほど知性の一般的発展に貢献したものはない」といわれる。

　このようにして、…，－3，－2，－1，0，1，2，3，…なる数が出そろった。このような数を整数という。整数と分数を合わせて、有理数という。つまり、有理数とは、分数の形（m、nが整数のとき$\frac{m}{n}$の形で、n＝1の場合も含める）で表せる数のことである。ところが、紀元前500年頃のギリシア人たちは、分数の形で表せない数を発見してしまったのである。このような数を無理数というが、分数で表されるものしか"数"と呼ばなかった古代のギリシア人は無理数を"数"の仲間に入れなかった。

数の種類

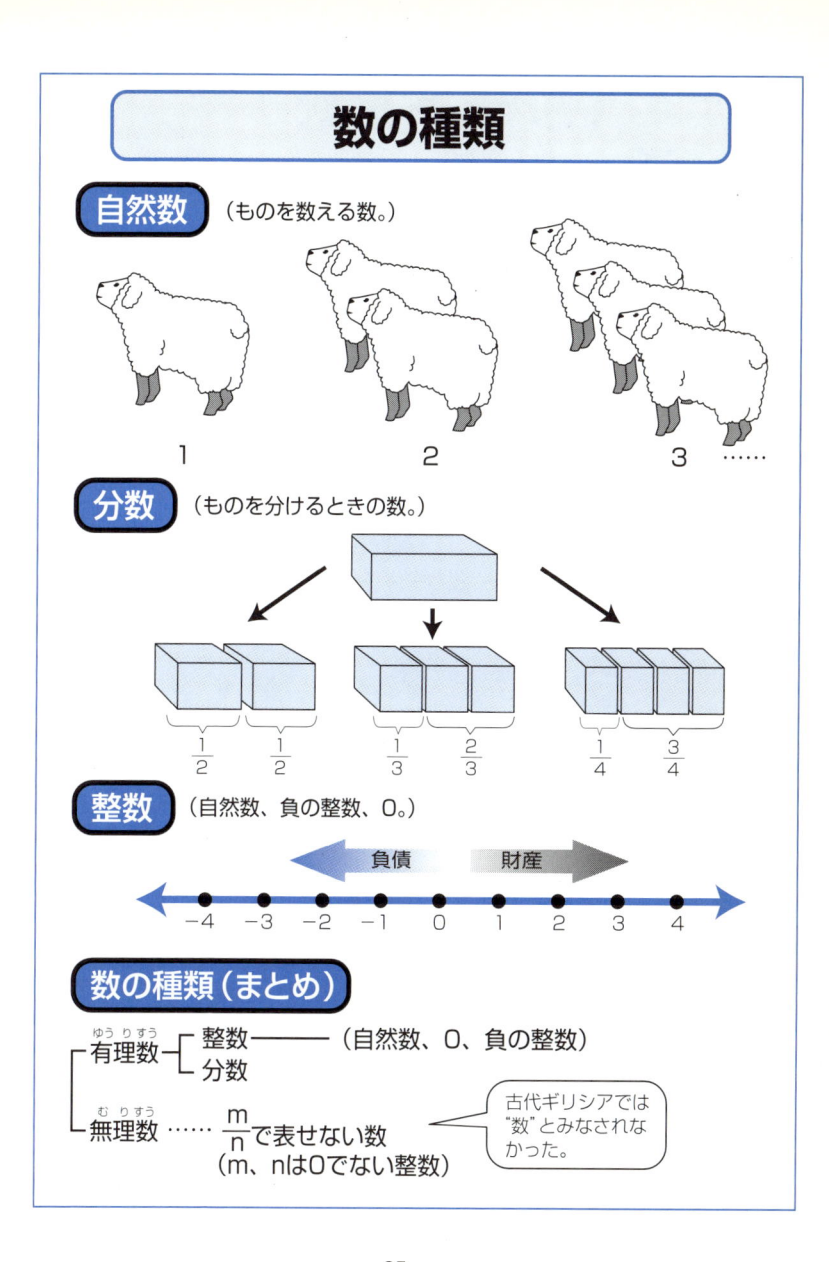

自然数 （ものを数える数。）

1　　　2　　　3 ……

分数 （ものを分けるときの数。）

$\frac{1}{2}$　$\frac{1}{2}$　　$\frac{1}{3}$　$\frac{2}{3}$　　$\frac{1}{4}$　$\frac{3}{4}$

整数 （自然数、負の整数、0。）

← 負債　　財産 →

−4　−3　−2　−1　0　1　2　3　4

数の種類（まとめ）

- 有理数（ゆうりすう）
  - 整数 ──── （自然数、0、負の整数）
  - 分数
- 無理数（むりすう） …… $\frac{m}{n}$ で表せない数
  （m、nは0でない整数）

古代ギリシアでは"数"とみなされなかった。

1 √ (ルート)をかぶった数

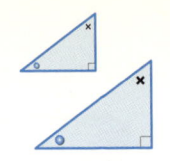

～無理数～

前項で、分数の形（m、nが整数のとき$\frac{m}{n}$の形で、n＝1の場合も含める）で表されない数を無理数と呼んだ。それでは、分数の形で表されない数とは、どんな数であろうか。

2乗して4になる数をさがすと、2と－2の2つある。この2と－2のことを4の平方根という。たとえば、9の平方根は、3と－3である。そこで、「2の平方根は何か」つまり「2乗して2になる数はどんな数か」という疑問がわく。1の2乗は1であるし、2の2乗は4なので、2乗して2になる数は、整数の中にはない。そこで、どんな数になるかわからないので、2乗して2になる正の数を$\sqrt{2}$（ルート2と読む）と書くことにする。

このように、2乗して2になる正の数を$\sqrt{2}$と書いたが、これを分数の形で表すことができるか。答えは、否である。「$\sqrt{2}$は分数の形で表すことができない」ということを、紀元前500年頃のギリシア人が証明したのである。その証明は、「背理法」と呼ばれる方法でなされた。背理法というのは、「結論が間違っていると仮定すると、どこかで不都合なことが起きる。その原因は、結論が間違っていると仮定したことにある。よって、結論は正しい。」と証明する方法である。

このようにして、分数の形で表されない数があることがわかった。同じようにして、$\sqrt{3}$、$\sqrt{5}$なども無理数であることがわかる。このような数以外にも、無理数はたくさん存在して、たとえば、円周率のπも無理数であることが、18世紀に証明されている。

平方根は無理数

平方根とは？

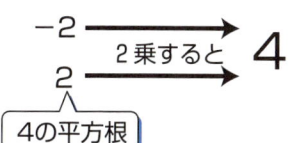

$-2 \xrightarrow{\text{2乗すると}} 4$
$2 \xrightarrow{\phantom{\text{2乗すると}}}$

-2 と 2 が 4の平方根

2乗してaになる数を
aの平方根という。

2の平方根は？

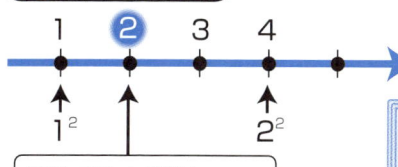

数直線: 1, 2, 3, 4
↑ 1^2 ↑ ↑ 2^2

2乗して2になる数は、
1より大きくて2より小さい数
…$\sqrt{2}$ とする

$a>0$ に対して、
2乗してaになる正の数を
$\sqrt{a}$ と書き、ルートaと読む。

背理法による証明

結論：$\sqrt{2}$ は無理数である

① 結論が間違っていると仮定。：「$\sqrt{2}$ は有理数である」
↓
② 不都合が起こる。
↓
③ 結論は正しい。：「$\sqrt{2}$ は無理数である」

やっぱり正しいんだ！

ピタゴラスの定理

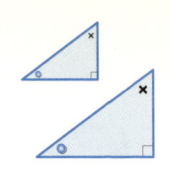

～無理数の発見～

分数の形（m、nが整数のとき$\frac{m}{n}$の形で、n＝1の場合も含める）で表せない数を無理数という。2乗して2になる正の数$\sqrt{2}$は無理数になるということは前項で説明した。このことを発見したのが、紀元前500年頃のギリシアのピタゴラス学派である。

ピタゴラスは、紀元前580年頃、エーゲ海にあるギリシアの植民地サモス島に生まれた。ピタゴラスはタレスの教えを受けた後、エジプトに留学し、その後故郷のサモス島へ帰った。そこで学校を開くが失敗し、南イタリアのクロトンに移り、そこでまた学校を開く。ピタゴラスは、そこで研究したことを弟子達が口外することを禁じ、弟子達の発見したことも、その師であるピタゴラスの発見とした。そこで、この集団をピタゴラス学派という。このようなことから、この学校は、宗教的結社のようになっていった。そのため、反対派の人たちの反感は高まり、反対派によって学校は破壊され、ピタゴラスは一時逃れたが、メタポンティオンで殺されたといわれる。

このピタゴラス学派は、数論、幾何学、そして音楽の分野にまで多くの業績を残している。その中でもっとも大切なのがピタゴラスの定理（三平方の定理）である。それは、次のような定理である。

「直角三角形ABCにおいて、BC＝a、CA＝b、AB＝cとおくと、$a^2＋b^2＝c^2$が成り立つ。また、逆も成り立つ。」

この定理でa＝1、b＝1とすると、$c^2＝2$となり、2乗して2になる数が現れる。そこで、2乗して2になる数は何者かと調べる必要があったのだ。

無理数の発見

ピタゴラス学派による発見

ピタゴラスの定理(三平方の定理)

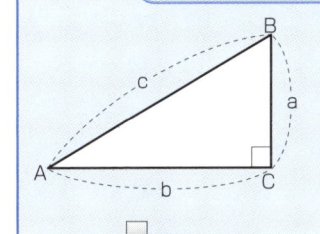

∠C=90°である直角三角形ABCにおいて、BC=a、CA=b、AB=cとするとき、
$$a^2+b^2=c^2$$
が成り立つ。

a=1、b=1とすると

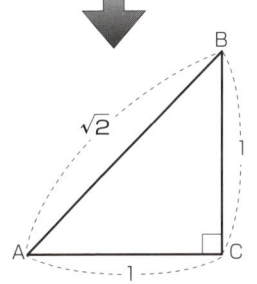

$a^2+b^2=1^2+1^2$
$\qquad =2$
よって、$\underline{\underline{c^2=2}}$

ピタゴラス
(紀元前580〜500頃)

2乗して2になる数とは？
これは、分数の形では表せない無理数だ！

無理数の発見

数と直線上の点の対応

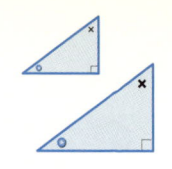

~数直線~

　分数の形で表されない数を無理数と呼び、無理数の誕生などを説明してきた。古代ギリシア時代には無理数を数の仲間に入れなかったが、現代では無理数は有理数と同じように数である。そして、有理数と無理数を合わせて、実数と呼んでいる。直線上の点は実数と1対1に対応させることができるので、この直線を数直線という。そして、直線上の1つの点Aに対応する実数 a を座標と呼ぶ。座標は、その表す値 a をカッコでくくり、点A(a)と書く。ここでは、数直線をどのようにして作るかを見ていこう。

　直線上に1つの点Oを定め、点Oに整数の0を対応させる。点Oから右方向に等間隔に並んだ点に整数の1, 2, 3, …を対応させ、左方向には、-1, -2, -3, …を対応させる。このようにして、整数と直線上の点とを対応させることができる（図1）。分数については、線分（直線の上の2つの点で区切られた直線の一部）を等分に分けていく。たとえば、$\frac{1}{2}$ならば、0と1の間の線分を2等分した点を取ればよい。$\frac{4}{3}$ならば、0と4の間を3等分した点をとる。このようにすれば、有理数と直線上の点が対応する（図2）。

　無理数である$\sqrt{2}$に対応する点は、どのようにして直線上にとればよいのだろうか。まず、1に対応する点Bからこの直線に垂直な長さ1の線分を引き、その先端の点をAとする。ピタゴラスの定理より$OA^2 = OB^2 + AB^2 = 1+1 = 2$であるから、線分OAの長さは、$\sqrt{2}$になる。そこで、コンパスでOAと同じ長さの点を直線上にとれば、そこが$\sqrt{2}$に対応する点となる（図3）。

数直線の利用

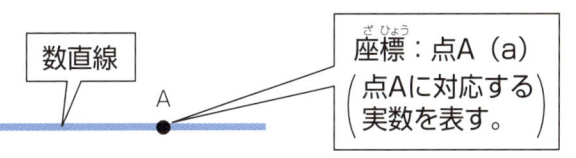

数直線

座標：点A（a）
点Aに対応する実数を表す。

整数と点を対応させる

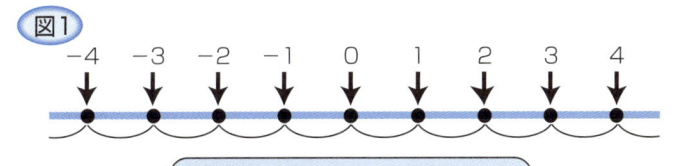

図1

−4 −3 −2 −1 0 1 2 3 4

等間隔に並んだ点に対応させる。

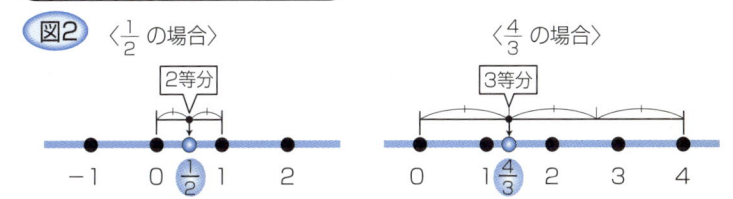

分数と点を対応させる

図2 〈$\frac{1}{2}$ の場合〉 2等分

−1 0 $\frac{1}{2}$ 1 2

〈$\frac{4}{3}$ の場合〉 3等分

0 1 $\frac{4}{3}$ 2 3 4

無理数と点を対応させる

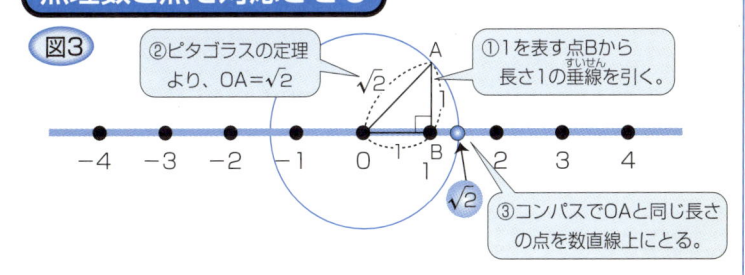

図3

②ピタゴラスの定理より、OA=$\sqrt{2}$

①1を表す点Bから長さ1の垂線を引く。

−4 −3 −2 −1 0 1 B 2 3 4

$\sqrt{2}$

③コンパスでOAと同じ長さの点を数直線上にとる。

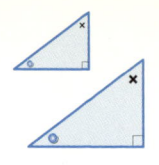

$\sqrt{2} \times \sqrt{3}$ の考え方

〜$\sqrt{}$ の計算〜

$\sqrt{}$ のついた無理数が数である以上、計算ができないと困る。そこで、ここでは $\sqrt{}$ の計算について考えてみよう。

はじめに、かけ算について考えよう。$\sqrt{2} \times \sqrt{3}$ はどのように計算するか。$\sqrt{2}$ は 2 乗して 2 になる数だから、$\sqrt{2}^2 = 2$ である。同じように、$\sqrt{3}^2 = 3$、$\sqrt{6}^2 = 6$ である。そこで、

$(\sqrt{2} \times \sqrt{3})^2 = (\sqrt{2} \times \sqrt{3}) \times (\sqrt{2} \times \sqrt{3}) = \sqrt{2}^2 \times \sqrt{3}^2$
$= 2 \times 3 = 6$

$(\sqrt{2 \times 3})^2 = (\sqrt{6})^2 = 6$

である。したがって、$(\sqrt{2} \times \sqrt{3})^2 = (\sqrt{2 \times 3})^2$ である。

$\sqrt{2} \times \sqrt{3}$ も $\sqrt{2 \times 3}$ も正の数であるから、$\sqrt{2} \times \sqrt{3} = \sqrt{2 \times 3}$ であることがわかる。一般に、$a > 0$、$b > 0$ のとき、

$\sqrt{a} \times \sqrt{b} = \sqrt{a \times b}$ が成り立つ。

ところが、足し算 $\sqrt{2} + \sqrt{3}$ や引き算 $\sqrt{2} - \sqrt{3}$ は、これ以上式を簡単にすることはできない。なぜなら、$(\sqrt{2} + \sqrt{3})^2 = \sqrt{2}^2 + 2 \times \sqrt{2} \times \sqrt{3} + \sqrt{3}^2 = 5 + 2\sqrt{6}$ であり、$(\sqrt{2+3})^2 = \sqrt{5}^2 = 5$ と一致しない。つまり、$\sqrt{2} + \sqrt{3}$ と $\sqrt{2+3}$ は等しくないからである。

次に、分母に $\sqrt{}$ を含む場合、分母の $\sqrt{}$ を消去したほうがより正確な値が求まる。例えば、$\dfrac{\sqrt{2}}{\sqrt{3}}$ の場合、$(\sqrt{3})^2 = 3$ を利用するために、分母と分子に $\sqrt{3}$ をかけて、$\dfrac{\sqrt{2}}{\sqrt{3}} = \dfrac{\sqrt{2} \times \sqrt{3}}{\sqrt{3} \times \sqrt{3}} = \dfrac{\sqrt{6}}{3}$ と計算する。このように、分母の $\sqrt{}$ をなくすことを分母の有理化という。

√の共有と消去

√の積と商の性質

a>0、b>0のとき、

(1) $\sqrt{a} \times \sqrt{b} = \sqrt{a \times b}$

(2) $\dfrac{\sqrt{a}}{\sqrt{b}} = \sqrt{\dfrac{a}{b}}$

√をカサにたとえると…

かけ算、割り算のとき √(カサ)を共有できるんだ。

(1)より(2)を証明する

$\sqrt{\dfrac{a}{b}} \times \sqrt{b} = \sqrt{\dfrac{a}{b} \times b} = \sqrt{a}$

$\sqrt{b} \neq 0$だから、両辺を$\sqrt{b}$で割ると、

$\sqrt{\dfrac{a}{b}} = \dfrac{\sqrt{a}}{\sqrt{b}}$

分母の有理化

$$\dfrac{\sqrt{a}}{\sqrt{b}} = \dfrac{\sqrt{a} \times \sqrt{b}}{\sqrt{b} \times \sqrt{b}} = \dfrac{\sqrt{ab}}{b}$$

分母の√をなくしたい。

↓

√が2乗となるように、分母・分子に分母と同じ数をかける。

なぜ有理化？

分　母

分母という室内では、√(カサ)は居心地が悪いんだ。

特別な角

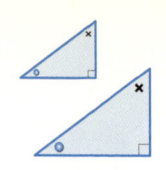

~30°、45°、60°~

　いままで、角度に対する三角比の値を三角比の表から求めていた。しかし、30°、45°、60°の3つの角の三角比は、三角比の表を使わなくても、図形から求めることができる。

　1辺の長さが2である正三角形ABCを考える。頂点Aから対辺BCに垂線を下ろし、その交点をDとする。点Dは線分BCの中点であるから、BD=1である。よって、直角三角形ABDにおいて、AB=2、BD=1となる。これらの値を、ピタゴラスの定理$BD^2+AD^2=AB^2$に当てはめると、$1^2+AD^2=2^2$となり、$AD^2=3$となる。ADは辺の長さだから正の数である。よって、$AD=\sqrt{3}$である。正三角形ABCであることより∠A=60°なので、直角三角形ABDにおいて、

$$\sin 60° = \frac{(対辺)}{(斜辺)} = \frac{\sqrt{3}}{2}、\quad \cos 60° = \frac{(隣辺)}{(斜辺)} = \frac{1}{2}、$$

$$\tan 60° = \frac{(対辺)}{(隣辺)} = \frac{\sqrt{3}}{1} = \sqrt{3} となる。$$

　30°の三角比は、右図のように直角三角形ABDをひっくり返して考えると、同じように求めることができる。

　45°については、AC=BC=1である直角二等辺三角形ABCを考える。AC=BC=1をピタゴラスの定理$AC^2+BC^2=AB^2$に当てはめると、$1^2+1^2=AB^2$となり、AB>0より、$AB=\sqrt{2}$となる。以上より、(斜辺)$=\sqrt{2}$、(隣辺)=1、(対辺)=1が求まる。また、直角二等辺三角形であることより、∠A=45°であるから、三角比の定義より、$\sin 45°$、$\cos 45°$、$\tan 45°$が求められる。

覚えやすい三角比

60°、30°の三角比

〈60°の場合〉

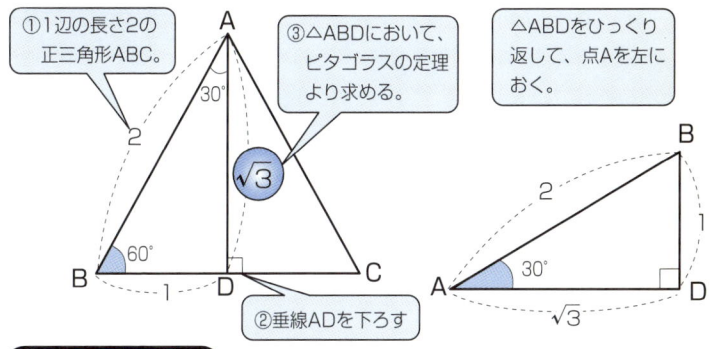

① 1辺の長さ2の正三角形ABC。

③ △ABDにおいて、ピタゴラスの定理より求める。

② 垂線ADを下ろす

〈30°の場合〉

△ABDをひっくり返して、点Aを左におく。

45°の三角比

② ピタゴラスの定理より求める。

① 一辺の長さ1の直角二等辺三角形ABC。

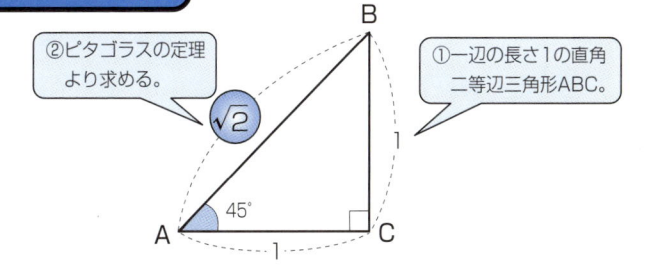

三角比のまとめ 〈0°、90°については31ページより。〉

θ	0°	30°	45°	60°	90°
$\sin\theta$	0	$\dfrac{1}{2}$	$\dfrac{1}{\sqrt{2}}$	$\dfrac{\sqrt{3}}{2}$	1
$\cos\theta$	1	$\dfrac{\sqrt{3}}{2}$	$\dfrac{1}{\sqrt{2}}$	$\dfrac{1}{2}$	0
$\tan\theta$	0	$\dfrac{1}{\sqrt{3}}$	1	$\sqrt{3}$	値なし

sin、*cos*、*tan* の
三角関係

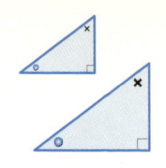

～三角比の相互関係～

　sin、*cos*、*tan* は、直角三角形の3つの辺から2つの辺を選んで、それらの長さの比で定義した。そのため、ひとつひとつが独立しているわけではないく、この3つには密接な関係がある。

　∠A＝θとする斜辺ABの長さが1の直角三角形ABCでは、対辺BCの長さが$\sin\theta$であり、隣辺ACの長さが$\cos\theta$である。したがって、

$$\tan\theta = \frac{(対辺)}{(隣辺)} = \frac{\sin\theta}{\cos\theta}$$ である。この式は、

$\tan\theta$を$\sin\theta$、$\cos\theta$におきかえる大切な式である。

　次に、同じ直角三角形ABCにピタゴラスの定理を適用すると、$(\sin\theta)^2 + (\cos\theta)^2 = 1$となる。数学では、習慣として$(\sin\theta)^2$を$\sin^2\theta$、$(\cos\theta)^2$を$\cos^2\theta$と書くので、$\sin^2\theta + \cos^2\theta = 1$となる。これは、*sin*と*cos*の重要な関係式である。

　これらの関係が本当に成り立っているのかどうか、三角比の表を使って調べてみよう。三角比の表から、$\sin 25° = 0.4226$、$\cos 25° = 0.9063$なので、計算してみると、

　$\sin 25° \div \cos 25° = 0.4226 \div 0.9063 = 0.46629151495\cdots$

　$\sin^2 25° + \cos^2 25° = (0.4226)^2 + (0.9063)^2 = 0.9999703\cdots$

　これらの計算結果を見ると、1番目の値は小数点以下第5位を四捨五入すると、表の$\tan 25° = 0.4663$の値に一致する。2番目の値も小数点以下第5位を四捨五入すると1になることがわかる。もともと、この三角比の表は小数点以下第5位を四捨五入して求めているのでこのような誤差が出るが、実際に成り立つことがわかる。

三角比の深い関係

三角比の相互関係①

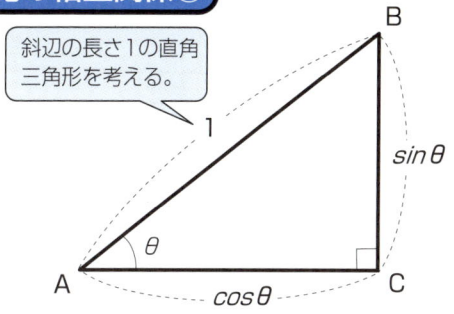

斜辺の長さ1の直角三角形を考える。

- $tan\,\theta = \dfrac{BC}{AC}$
- ピタゴラスの定理より、$AC^2 + BC^2 = 1^2$

$$tan\,\theta = \dfrac{sin\theta}{cos\theta}\,、\quad sin^2\theta + cos^2\theta = 1$$

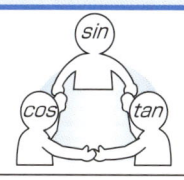

電卓コーナー

$(0.4226)^2 + (0.9063)^2$ を計算してみよう。

[AC] [.] 4226 [×] [.] 4226 [M+] [.] 9063 [×] [.] 9063 [M+] [MR]

ポイント $(0.4226)^2$ をメモリに入れ、次に、$(0.9063)^2$ をメモリに入れると、メモリの中で自動的に足し算される。

三角比の表は半分で足りる

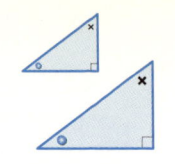

～三角比の性質～

前項で重要な三角比の相互関係式を求めたが、あと1つおもしろい関係がある。三角比の表をよく見ると、sinの0°から90°に向かって並んでいる値と、cosの90°から0°に向かって並んでいる値がまったく同じである。この理由は、次のようにしてわかる。

斜辺が1の直角三角形ABCにおいて、∠A＝θとすると、∠Aの対辺BC＝$sin\theta$、∠Aの隣辺AC＝$cos\theta$である。また、∠Bは直角三角形の残りの角なので、∠B＝90°－θが成り立つ。そこで、この三角形をひっくり返して、Bが左側にくるようにする。∠B＝90°－θについて三角比を考えると、∠Bの対辺はAC＝$sin(90°－\theta)$、∠Bの隣辺はBC＝$cos(90°－\theta)$である。したがって、BC＝$sin\theta$＝$cos(90°－\theta)$、AC＝$cos\theta$＝$sin(90°－\theta)$が成り立つ。つまり、θ＝20°ならば、$sin20°$＝$cos(90°－20°)$＝$cos70°$が成り立つ。したがって、$sin20°$の値がわかれば$cos70°$の値もわかる。すなわち、sin、cosの0°から45°までの値がわかれば、46°から90°までのsin、cosの値はわかるのである。

それでは、tanについてはどうか？ 同じ直角三角形ABCで、

$$tan(90°－\theta)=\frac{sin(90°－\theta)}{cos(90°－\theta)}=\frac{cos\theta}{sin\theta}=\frac{1}{tan\theta}$$

であるから、$tan(90°－\theta)=\dfrac{1}{tan\theta}$ が成り立つ。

したがって、tanの場合も、0°から45°までのtanの値がわかれば、46°から90°までのtanの値がわかるのである。

sin と cos と 90°

(三角比の表)

角	sin	cos
0°	0.0000	1.0000
1°	0.0175	0.9998
2°	0.0349	0.9994
3°	0.0523	0.9986
4°	0.0698	0.9976
5°	0.0872	0.9962

85°	0.9962	0.0872
86°	0.9976	0.0698
87°	0.9986	0.0523
88°	0.9994	0.0349
89°	0.9998	0.0175
90°	1.0000	0.0000

sin と cos、同じ値が並んでいる?!

三角比の相互関係②

θの三角比を求める。

90°−θの三角比を求める。

$$(BC=)\sin\theta = \cos(90°-\theta)$$
$$(AC=)\cos\theta = \sin(90°-\theta)$$

また、前項の公式と上記の公式より

$$\tan(90°-\theta) = \frac{1}{\tan\theta}$$

鋭角から鈍角へ

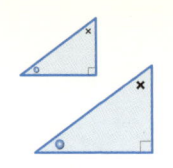

～鈍角の三角比～

前項までは、直角三角形を考え、0°から90°までの角（この角を鋭角という）に対する三角比を考えてきた。ここではさらに範囲を広げ、90°から180°までの角（この角を鈍角という）に対しても sin、cos、tan の値を定義しよう。

鋭角の三角比の値を求めるときに、4分の1円の分度器を用いたが（17、27ページ）、鈍角の三角比を考えるには、0°から180°まで測れる半円（円の半分）の分度器を用いる。半円の分度器の半径をr、中心をOとし、中心Oより右方向（図1では点Xの方向）を正、左方向（図1では点X'の方向）を負とする。

OXから角度θを測り、∠XOP＝θとなるように半円上に点Pをとる。PからOXに垂線を引き、OXとの交点をHとする。そのとき直角三角形POHができ、PH、OHの長さをそれぞれa、bとする。θが鋭角のときは、Hが点Oより右方向にあるので、隣辺であるOHを正の数bと考えて、

$$sin\theta = \frac{a}{r}、cos\theta = \frac{b}{r}、tan\theta = \frac{a}{b}$$

と定義する。これは、今までの三角比の定義と同じである。ところがθが鈍角のときは、HがOより左方向にあるので、隣辺であるOHを負の数－bと考えて、

$$sin\theta = \frac{a}{r}、cos\theta = \frac{-b}{r} = -\frac{b}{r}、tan\theta = \frac{a}{-b} = -\frac{a}{b}$$

と定義する。このように、鈍角に対するcos、tan は負の値になり、鋭角の三角比と鈍角の三角比は少し違う。

90°よりも大きな角の三角比

半円の分度器の利用

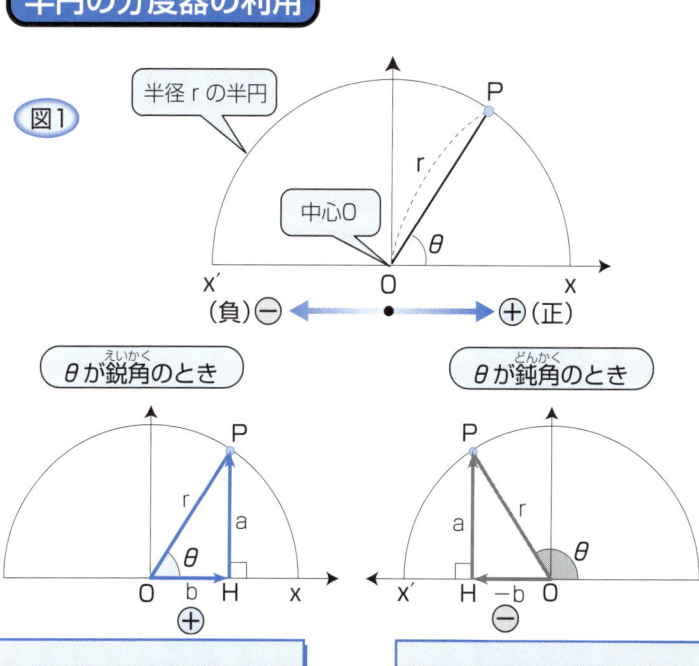

図1

半径 r の半円

中心O

P, r, θ

x′ —————— O —————— x
(負) ⊖ ←——→ ⊕ (正)

θが鋭角のとき

P, r, a, θ, O, b, H, x
⊕

θが鈍角のとき

P, a, r, θ, x′, H, −b, O
⊖

(0°≦θ<90°のとき)

$\sin\theta = \dfrac{a}{r}$

$\cos\theta = \dfrac{b}{r}$

$\tan\theta = \dfrac{a}{b}$

(90°≦θ<180°のとき)

$\sin\theta = \dfrac{a}{r}$

$\cos\theta = -\dfrac{b}{r}$

$\tan\theta = -\dfrac{a}{b}$

鈍角は鋭角より求める

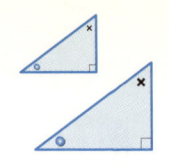

～鈍角の三角比は鋭角の三角比から～

前項で鈍角に対する三角比を定義したので、次にその値をどのように求めるかを考えよう。θ を鋭角とすると、$180°-\theta$ は鈍角になる。そこで、鋭角 θ の三角比から鈍角 $180°-\theta$ の三角比を求めるために、この2つの角の三角比を比べてみよう。

図1より　　$\sin\theta = \dfrac{a}{r}$、$\sin(180°-\theta) = \dfrac{a}{r}$ だから、

$$\sin(180°-\theta) = \sin\theta \quad\cdots\cdots①$$

$\cos\theta = \dfrac{b}{r}$、$\cos(180°-\theta) = \dfrac{-b}{r} = -\dfrac{b}{r}$ だから、

$$\cos(180°-\theta) = -\cos\theta \quad\cdots\cdots②$$

$\tan\theta = \dfrac{a}{b}$、$\tan(180°-\theta) = \dfrac{a}{-b} = -\dfrac{a}{b}$ だから、

$$\tan(180°-\theta) = -\tan\theta \quad\cdots\cdots③$$

が成り立つ。これら①、②、③の式を使うと、鈍角の三角比が鋭角の三角比に直せて、鈍角の三角比が求められる。たとえば、130°に対する三角比の値を求めるときは、次のようにする。

130°＝180°－50°だから、50°に対する三角比を表から求めて、

$\sin 130° = \sin(180°-50°) = \sin 50° = 0.7660$

$\cos 130° = \cos(180°-50°) = -\cos 50° = -0.6428$

$\tan 130° = \tan(180°-50°) = -\tan 50° = -1.1918$

となる。このようにして、鋭角の三角比がわかれば、180°からその鋭角を引いて求められる鈍角に対する三角比がわかる。このため三角比の表は、0°から90°までしかなくても足りるのだ。

180°をとりまく関係

鈍角と鋭角の三角比の関係

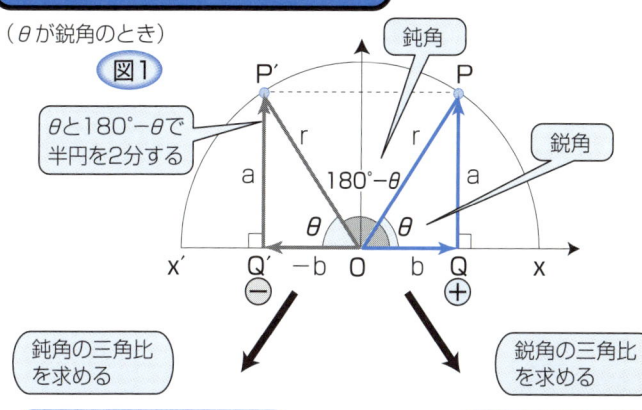

(θ が鋭角のとき)
図1

θ と $180°-\theta$ で半円を2分する

鈍角
鋭角

鈍角の三角比を求める

△OP'Q'より、
$sin(180°-\theta) = \dfrac{a}{r}$
$cos(180°-\theta) = -\dfrac{b}{r}$
$tan(180°-\theta) = -\dfrac{a}{b}$

鋭角の三角比を求める

△OPQより、
$sin\theta = \dfrac{a}{r}$
$cos\theta = \dfrac{b}{r}$
$tan\theta = \dfrac{a}{b}$

両者を比べると

$sin(180°-\theta) = sin\theta$
$cos(180°-\theta) = -cos\theta$
$tan(180°-\theta) = -tan\theta$

元の円と同じ半径で切っていくと、6回で元に戻る

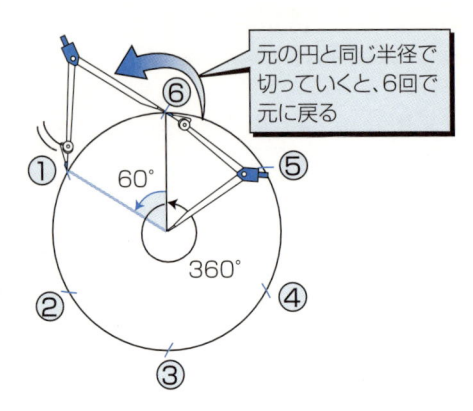

円の1周は360度

　古代バビロニア人たちは、1年を360日と考えていた。そして、この1年を円で表したことから、円の1周を360度にしたと思われる。さらに、この円を同じ半径の円で切っていくと、6回で元に戻るので、360度の$\frac{1}{6}$である60度にも強い関心があったようだ。分数を表すのにも、分母を60と一定にして分子だけを書く方法も用いられていた。

　この考え方が、ギリシアに伝わり「弦の表」を作るのに使われた。プトレマイオスは、1回転を360度に分け、1度を60に分け、これを「1番目の小部分（partes minutae primae）」、さらに、これを60に分け、「2番目の小部分（partes minutae secundae）」と呼んだ。ここから、今日の「分（minutes）」、「秒（seconds）」などの名称が生まれた。

Chapter 2

三角比の利用

パラソルから ブイまでの距離は

～正弦定理の考え方～

　前章では、三角比の定義をして、その簡単な応用を試みた。この章では、正弦定理、余弦定理を用いて、前章よりも複雑な場合について三角比を適用し、さらに三角形の面積や円と三角形の関係について考える。それでは、はじめに次の問題を考えてみよう。

　『太郎君と花子さんは、海水浴に来ている。砂浜でビーチパラソルを立て、のんびり話をしていたとき沖の方にブイが浮いているのが目に入った。そこで、そのブイまでどのくらい離れているのか予想し、太郎君は50m、花子さんは40mと言い、遠いほうが今日の夕飯をおごることにした。そこで太郎君は、パラソルの位置Bから砂浜に沿って30mのところに棒Cを立てた。ブイの位置をAとして、∠ABCを測ったら70°で、∠ACBを測ったら63°であった。さて、パラソルBからブイAまでの距離ABは何mか？』

　この問題は、次のように考える。

　三角形の内角の和が180°であることより、∠Aの大きさが180°－(70°＋63°)＝47°と求められる。次に、△ABCの頂点Bから対辺ACに垂線を下ろし、その交点をHとしたとき、辺BHが、直角三角形ABHと直角三角形BCHに共通にあることがわかる。そこで、辺ABの長さを x として、この2つの直角三角形で∠Aと∠Cの sin を考えれば、BH＝x×sin47°、BH＝30×sin63°となり、辺BHを仲立ちとして x を求めることができる。計算は右ページに示した。このように2つの角と1つの辺の長さがわかると、頂点からの垂線の長さを仲立ちとして、他の辺の長さが求められる。これが正弦定理の考え方である。次項で、正弦定理を紹介しよう。

まずは2つの直角三角形を考えよう

パラソルとブイの距離

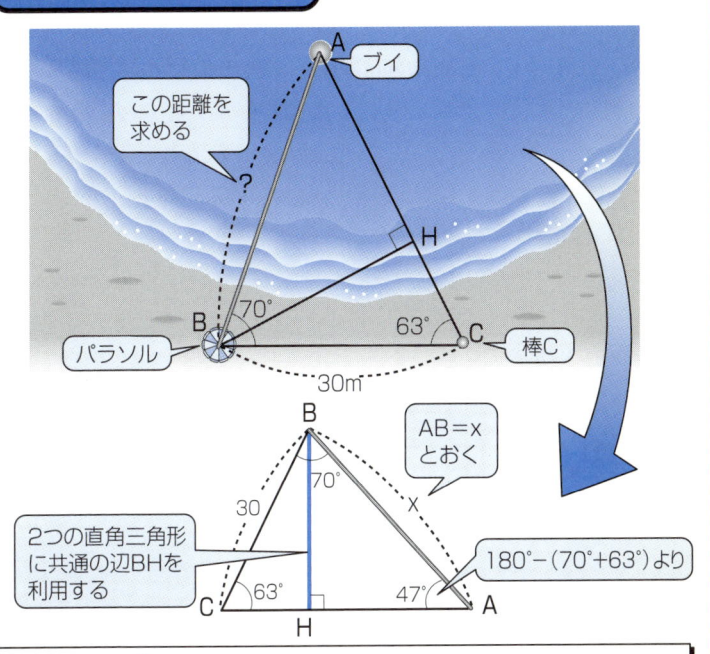

(図: ブイA、パラソルB、棒C。∠B=70°、∠C=63°、BC=30m、BHはACに垂直)

この距離を求める

2つの直角三角形に共通の辺BHを利用する

AB=xとおく

$180°-(70°+63°)$ より

計算コーナー

直角三角形ABHで、
$sin47°=\dfrac{BH}{x}$ だから、BH$=x\times sin47°$

この式が正弦定理に通じる

直角三角形BCHで、
$sin63°=\dfrac{BH}{30}$ だから、BH$=30\times sin63°$

左辺BHが等しいので、$x\times sin47°=30\times sin63°$

よって、$x=\dfrac{30\times sin63°}{sin47°}=\dfrac{30\times 0.8910}{0.7314}=\underline{36.5\cdots}$

2つの角と1つの辺から

～正弦定理～

この項以後、この章では、図1のように、△ABCの3つの角の大きさをA、B、Cで、それらの角に向かい合う辺の長さをそれぞれa、b、cで表す。また、三角形の3つの頂点を通る円をその三角形の外接円という。この外接円の半径をRで表す。

さて前項で、三角形の2つの角と1つの辺の長さがわかっているとき、頂点からの垂線の長さを仲立ちとして、他の辺の長さを求めた。これが正弦定理の考え方である。正弦定理とは、向かい合う角と辺および外接円の半径Rについて、

$$\frac{a}{\sin A} = \frac{b}{\sin B} = \frac{c}{\sin C} = 2R$$

が成り立つことをいう。文字通り$\sin$（正弦）を用いた定理である。

図2について、△ABCで頂点Aから辺BCに垂線を下ろし、その交点をHとする。直角三角形ABHにおいて、AH＝$c \times \sin B$であり、直角三角形ACHにおいても、AH＝$b \times \sin C$である。この2式の左辺がAHに等しいことより、$b \times \sin C = c \times \sin B$である。

両辺を$\sin C \times \sin B$で割って、$\dfrac{b}{\sin B} = \dfrac{c}{\sin C}$ …① となる。

図3の場合も、同様にして$\dfrac{a}{\sin A} = \dfrac{b}{\sin B}$ …② となる。

①と②より、$\dfrac{a}{\sin A} = \dfrac{b}{\sin B} = \dfrac{c}{\sin C}$ が証明された。

あとは、これらの式が2Rに等しくなることを示す。そのためには、円周角についての知識が必要なので、次項で説明しよう。

sinを使った定理

正弦定理を考えるときの前提

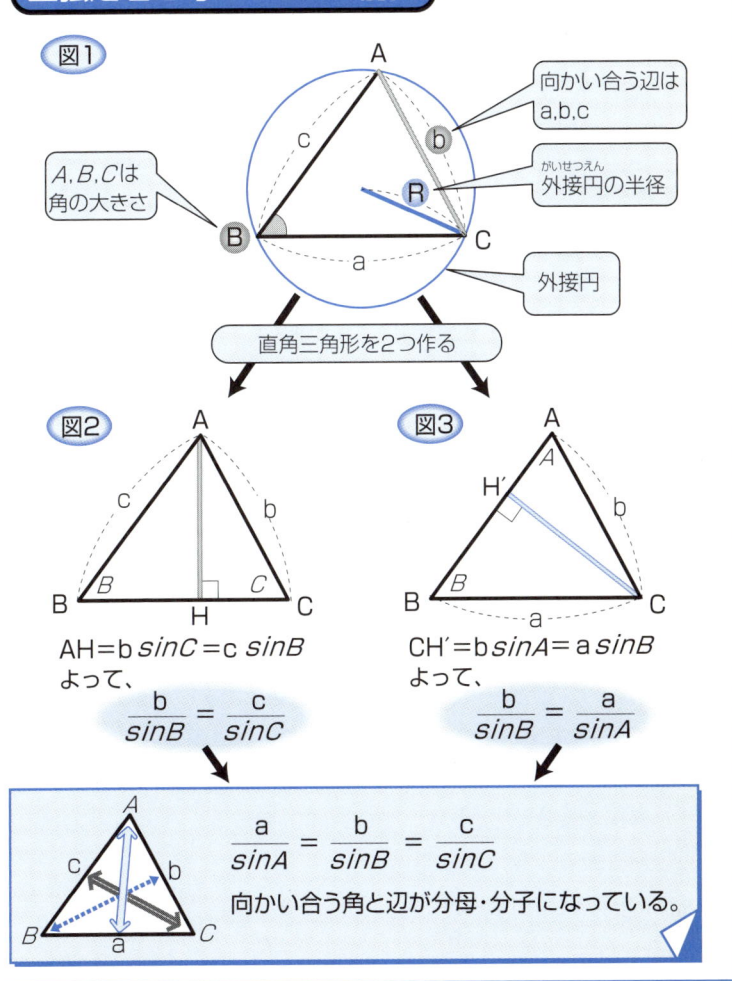

図1

- 向かい合う辺はa,b,c
- 外接円の半径 R
- A, B, Cは角の大きさ
- 外接円

↓ 直角三角形を2つ作る ↓

図2

AH = $b\sin C$ = $c\sin B$
よって、

$$\frac{b}{\sin B} = \frac{c}{\sin C}$$

図3

CH′ = $b\sin A$ = $a\sin B$
よって、

$$\frac{b}{\sin B} = \frac{a}{\sin A}$$

$$\frac{a}{\sin A} = \frac{b}{\sin B} = \frac{c}{\sin C}$$

向かい合う角と辺が分母・分子になっている。

sin と外接円

～正弦定理の完成～

前項で、正弦定理の $\dfrac{a}{\sin A} = \dfrac{b}{\sin B} = \dfrac{c}{\sin C}$ を証明したので、ここでは、これらの式が2R（外接円の直径にあたる）に等しいことを証明する。その前に、円周角について説明しよう。

点Oを中心とする円上の2点AとBをとり、2点AとBにはさまれる円の部分を弧ABという。弧ABに対して、∠AOBを弧ABの中心角といい、弧AB上にない円周上の点Pに対して、∠APBを弧ABの円周角という。

さて、この中心角と円周角について、(中心角)＝2×(円周角)という関係がある。これは、図2のように、2つの二等辺三角形を考えればわかる。しかも、点Pが弧AB上以外、円上のどこにあっても成り立つ関係である。そこで、「同じ弧に対する円周角は等しい」ことがいえる。特に、3点A、O、Bが一直線上に並んだときは、中心角∠AOB＝180°なので、円周角∠APB＝90°になる。つまり、「直径に対する円周角は直角である」ことがいえる。

ここで、正弦定理の外接円の半径Rについて考えよう。図3のように、外接円の中心をOとし、直線BOと外接円との交点をDとする。弧BCに対する円周角が等しいことより∠A＝∠Dとなる。線分BDが直径であることより、∠BCD＝90°であるから、△BCDは直角三角形である。したがって、

$\sin A = \sin D = \dfrac{a}{2R}$。ゆえに、$\dfrac{a}{\sin A} = 2R$ ・・・③

前項の①、②と③の式を合わせて、正弦定理が導き出された。

正弦定理のもう1つの顔

円周角と中心角の関係

図1

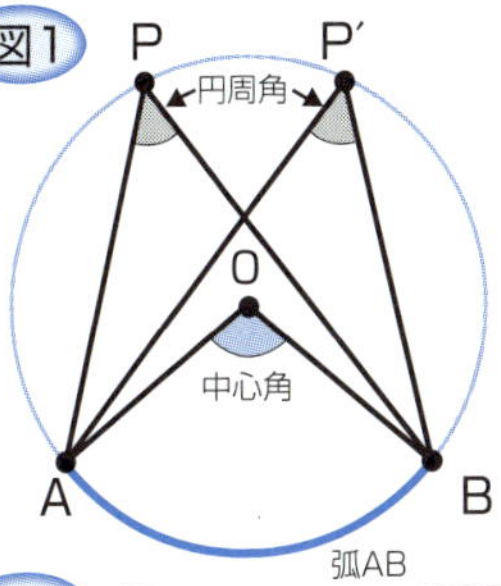
P
P′
円周角
O
中心角
A
B
弧AB

円周角と中心角

- (中心角)＝2×(円周角)
- 弧AB上の円周角はすべて等しい

∠APB＝∠AP′B

図2

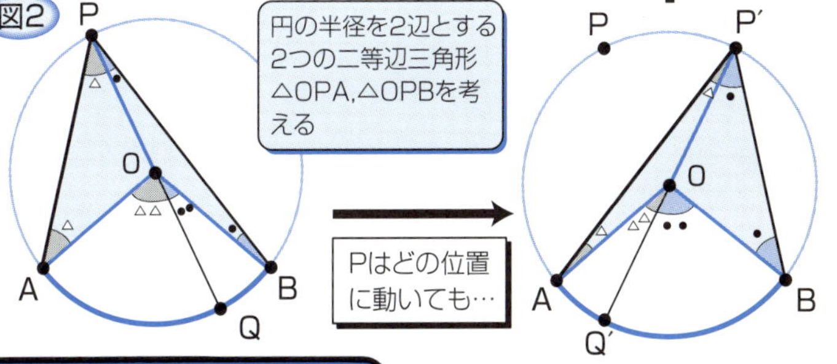
P
O
A
B
Q
円の半径を2辺とする2つの二等辺三角形△OPA,△OPBを考える
Pはどの位置に動いても…
P
P′
O
A
B
Q′

外接円の円周角の利用

図3

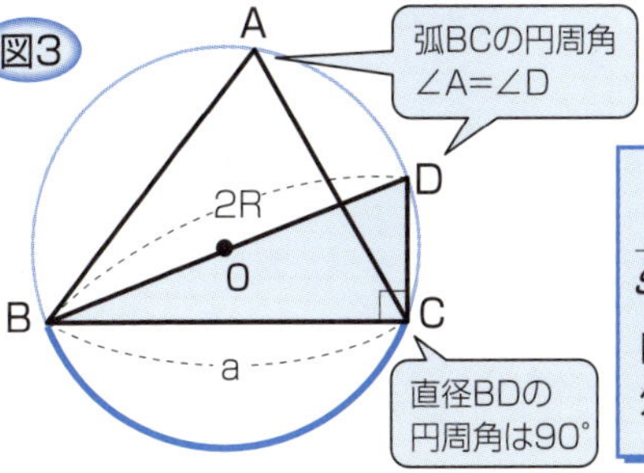
A
弧BCの円周角
∠A=∠D
D
2R
O
B
C
a
直径BDの
円周角は90°

正弦定理

$$\frac{a}{\sin A}=\frac{b}{\sin B}=\frac{c}{\sin C}=2R$$

向かい合う角と辺、そして外接円の直径との関係。

見通せる場所から

～正弦定理の利用（1）～

正弦定理は2つの角と1つの辺の長さがわかれば、他の2辺の長さが求められることを示している。角度は、対象物のある場所まで行かなくても、その対象物が見えれば測ることができる。実際に、その対象物まで行けないとき、その対象物までの距離を測るときに正弦定理を利用する。たとえば、次のような問題がある。

『太郎君と花子さんは、ハイキングに行く途中で、時速120kmで真東に進む電車に乗った。電車から遠くの方に塔が立っているのが見える。5分前には、南60°東の方角に見えていた塔が、現在は、南15°東の方角に見える。5分前の位置をA、現在の位置をB、塔の位置をCとするとき、現在の電車と塔の間の距離BCを求めよ。』

△ABCで2つの角と1つの辺の長さがわかるから、正弦定理を利用する。

2つの角は、∠A＝90°－60°＝30°、∠B＝90°＋15°＝105°である。これより、∠C＝180°－（30°＋105°）＝45°である。電車は時速120kmで5分走って、AからBに到着したから、AB＝120÷60×5＝10km である。BC＝ x kmとおいて、正弦定理より

$$\frac{x}{\sin 30°} = \frac{10}{\sin 45°}$$ だから $$x = \frac{10}{\sin 45°} \times \sin 30°$$

$\sin 45° = \frac{1}{\sqrt{2}}$、$\sin 30° = \frac{1}{2}$ （45ページ）だから

$$x = 10 \div \frac{1}{\sqrt{2}} \times \frac{1}{2} = 10 \times \frac{\sqrt{2}}{1} \times \frac{1}{2} = 5\sqrt{2} \fallingdotseq 5 \times 1.41 = 7.05$$

したがって、塔までの距離は、約7kmである。

「2角と1辺」ときたら正弦定理

塔までの距離を求める

時速120km
5分
A　B
60°　15°

この距離を求める

時速÷60×分＝距離

$120 \div 60 \times 5$

$90° - 60°$　　　$90° + 15°$

```
        10km
   A ----------- B
    30°      105°
              
               C
```

2角と1辺がわかる
→正弦定理を使おう！

$180° - (30° + 105°)$

```
    10
A ------- B
 30°      
        x
       45°
        C
```

向かい合った角と辺を考えて、正弦定理を当てはめる！

計算コーナー

$$\frac{x}{\sin 30°} = \frac{10}{\sin 45°}$$　これより、

$$x = \frac{10}{\sin 45°} \times \sin 30° = \frac{10}{\frac{1}{\sqrt{2}}} \times \frac{1}{2} = 5\sqrt{2} \fallingdotseq 5 \times 1.41 = \underline{7.05}_{\,(km)}$$

山の高さを求めよう

～正弦定理の利用（2）～

正弦定理を利用する問題として、前項では平面上の三角形で考えたが、ここでは三角錐の高さを求める問題を考えよう。

『太郎君と花子さんはハイキングに行き、バスを降りた地点から目的地の山頂が見えた。太郎君は、この地点と山頂の標高差を測ろうと思った。今の地点をA、Aから直線距離で1000m離れている地点をB、山頂をC、山頂の真下をHとして、次の3つの角度を測ったら、∠BAC＝75°、∠ABC＝45°、∠CAH＝30°であった。バスを降りた地点と山頂との標高差CHを求めてみよう。』

まず、2角と1辺がわかっている三角形に注目する。△ABCは、∠BAC＝75°、∠ABC＝45°、AB＝1000 とわかっているので、この△ABCに正弦定理を用いて、辺ACの長さを求める。すると、直角三角形CAHで斜辺ACと∠CAHがわかるので、∠CAHの対辺CH、つまり、バスを降りた地点と山頂との標高差が求められる。

この考え方にしたがって計算していこう。

∠ACB＝180°－(45°＋75°)＝60°であるから、正弦定理より

$\dfrac{AC}{sin\,45°} = \dfrac{AB}{sin\,60°}$ よって、AC＝$sin\,45°×1000÷sin\,60°$ だから

AC＝$\dfrac{1}{\sqrt{2}}×1000÷\dfrac{\sqrt{3}}{2} = \dfrac{1000\sqrt{6}}{3}$ である。次に、直角三角形ACHにおいて、$sin\,30°＝\dfrac{CH}{AC}$ だから、CH＝AC×$sin\,30°＝\dfrac{1000\sqrt{6}}{3}×\dfrac{1}{2}$

よって、CH＝408.24… である。

したがって、この標高差は約408mである。

頼りになる正弦定理

三角錐の高さを求める

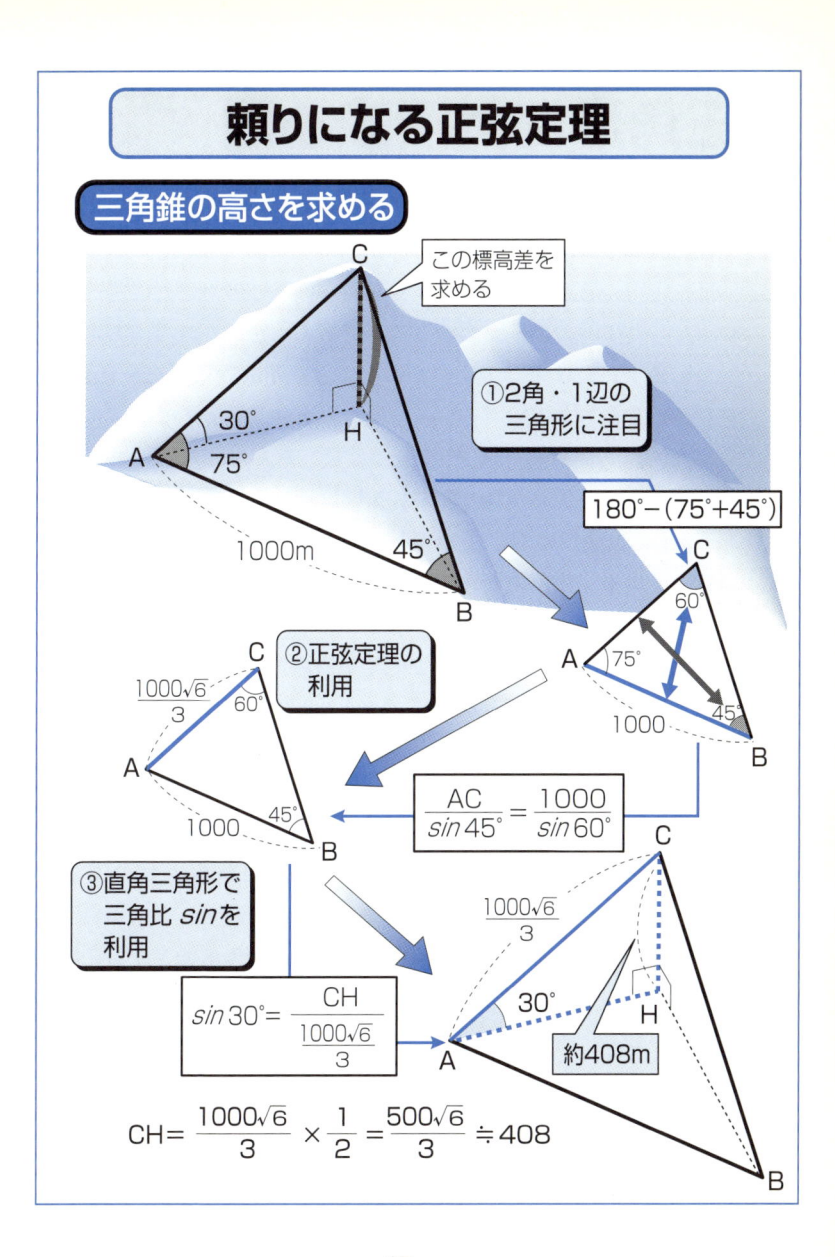

この標高差を求める

①2角・1辺の三角形に注目

$180° - (75° + 45°)$

②正弦定理の利用

$$\frac{AC}{\sin 45°} = \frac{1000}{\sin 60°}$$

③直角三角形で三角比 $\sin$ を利用

$$\sin 30° = \frac{CH}{\frac{1000\sqrt{6}}{3}}$$

約408m

$$CH = \frac{1000\sqrt{6}}{3} \times \frac{1}{2} = \frac{500\sqrt{6}}{3} \fallingdotseq 408$$

三角形に外接する円

～正弦定理の利用（3）～

正弦定理のもう1つの特徴は、三角形の1つの角とその対辺がわかると、外接円の半径がわかることである。逆に、外接円の半径と1つの角（または1つの辺）がわかると、その対辺（または対角）がわかることである。

『太郎君がいつも散歩に行く公園には、真ん中に噴水がある丸い池がある。太郎君はAの位置にあるベンチに座って本を読むことがある。Bの位置にはもう1つのベンチ、Cの位置には小さな記念碑が建っている。太郎君がAの位置から∠BACを測ったら75°だった。ベンチBと記念碑Cはどのくらい離れているのか。ただし、この池の半径が10mであることはわかっている。』

さて、この問題では、△ABCで∠Aと外接円の半径がわかっていて、∠Aの対辺を求めるので、正弦定理を利用する。

正弦定理より　　$\dfrac{BC}{\sin 75°} = 2 \times 10$

したがって、BC＝2×10×$\sin$75°＝2×10×0.9659＝19.318となり、ベンチBと記念碑Cの距離は、約19mである。

このように対象物が見渡せる位置ならば、角度を測定することができるので、正弦定理を使って対象物までの距離を求めることができる。しかし、途中に障害物があって対象物が見えないときは、角度を測定することができない。このような場合は、正弦定理を使うことができない。では、どのようにするのか？そのときは、次項で説明する余弦定理を使うと、比較的簡単に求めることができる。

外接円の半径の利用

離れた物どうしの距離を測る

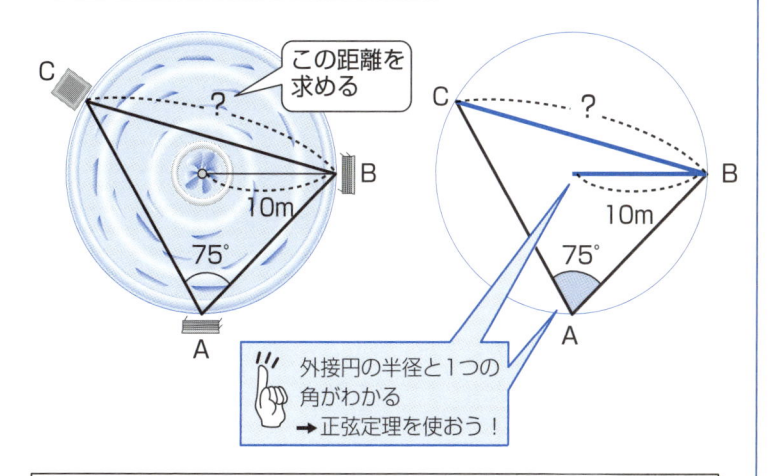

外接円の半径と1つの角がわかる
→ 正弦定理を使おう！

（計算コーナー）

正弦定理より、$\dfrac{BC}{\sin 75°} = 2 \times 10$

$BC = 20 \times \sin 75°$

$\quad\ = 20 \times 0.9659 = 19.318$ ← BC間の距離

正弦定理の利用のまとめ

（わかっている値） （求められるもの）

① 三角形の2角と1辺 ──→ 残りの辺の長さ

② 三角形の1組の対辺・対角 ──→ 外接円の半径

③ 三角形の1角（または1辺）と外接円の半径 ──→ その対辺（対角）

2つのモニュメント間の距離は

～余弦定理の考え方～

測りたい2地点の間に障害物があって、一方から他方へ見渡せないと、角度が求められないので正弦定理が使えない。そこで、余弦定理という別の定理を使う。次の問題を見てみよう。

『太郎君がよく行く公園には、いくつかのモニュメントが並んでいる。しかし、モニュメントの間には木が植えられていて、モニュメント間の間隔を直接測ることができないし、1つのモニュメントから隣のモニュメントを見ることもできない。そこで、太郎君はAとB2つのモニュメントが見渡せる位置Cにきて、AC間とBC間の距離を測ってみたら、それぞれ30mと26mであった。また、∠ACBを測ったら、70°であった。さて、2つのモニュメントA、Bの間隔はどれくらいなのだろうか。』

まず、△ABCの頂点Aから辺BCに垂線を下ろし、交点をHとして、直角三角形を2つ作る。そして、一方の直角三角形ACHにおいて、$sin\,70° = \dfrac{AH}{AC}$ より $AH = 30 \times sin\,70°$、$cos\,70° = \dfrac{CH}{AC}$ より $CH = 30 \times cos\,70°$ である。すると、$BH = BC - CH = 26 - 30 \times cos\,70°$ である。そこで、直角三角形ABHにピタゴラスの定理を適用して(ただし、$sin^2\alpha + cos^2\alpha = 1$ になることに注意)、

$$\begin{aligned} AB^2 &= AH^2 + BH^2 = (30 \times sin\,70°)^2 + (26 - 30 \times cos\,70°)^2 \\ &= 30^2 \times sin^2 70° + 26^2 - 2 \cdot 26 \cdot 30\,cos\,70° + 30^2 \times cos^2 70° \\ &= 30^2(sin^2 70° + cos^2 70°) + 26^2 - 2 \cdot 26 \cdot 30\,cos\,70° \\ &= 30^2 \times 1 + 26^2 - 2 \times 26 \times 30 \times 0.3420 = 1042.48 \end{aligned}$$

したがって、 $AB^2 ≒ 1042$ だから $AB ≒ 32.3m$

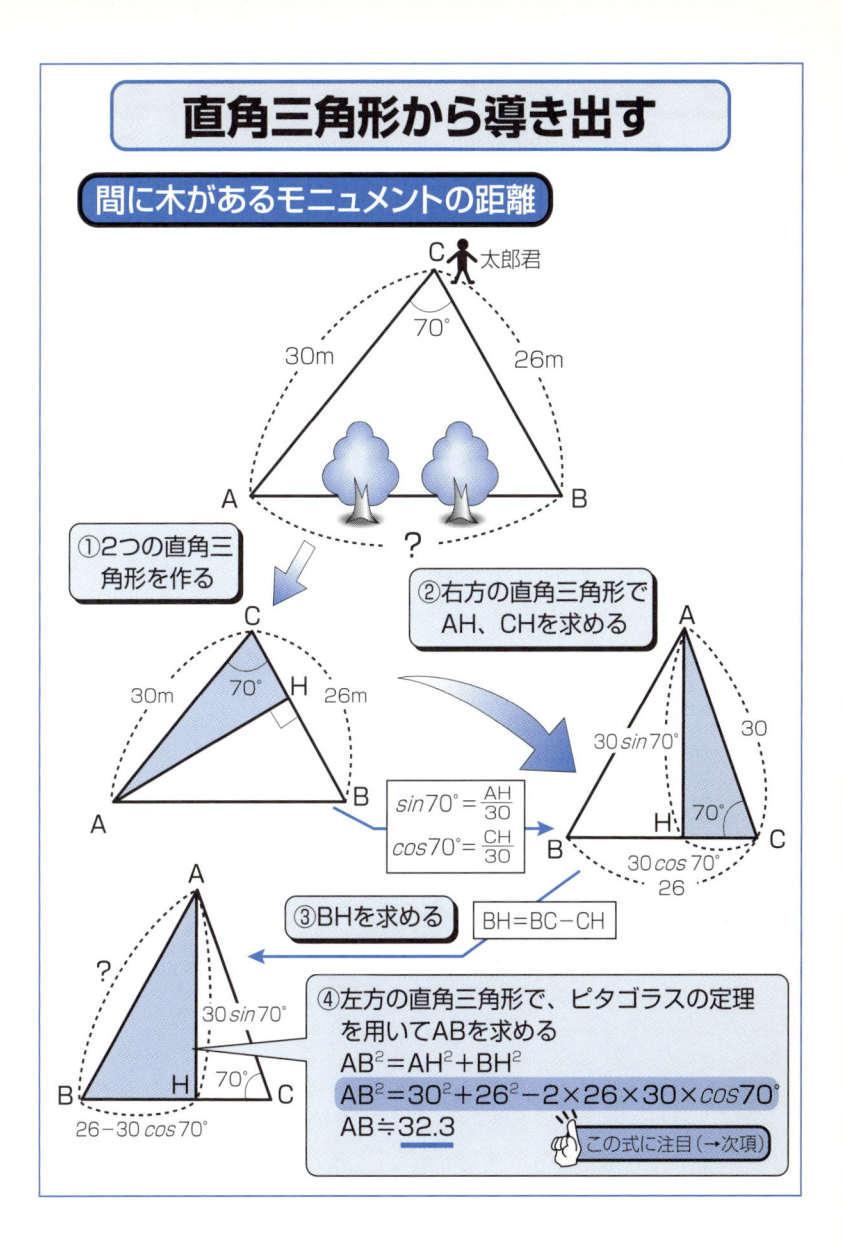

直角三角形から導き出す

間に木があるモニュメントの距離

C 太郎君
70°
30m　26m
A　　　B
?

① 2つの直角三角形を作る

C
30m 70° H 26m
A　　　B

② 右方の直角三角形でAH、CHを求める

A
30 sin 70°　30
H 70° C
30 cos 70°
26
B

$sin 70° = \dfrac{AH}{30}$
$cos 70° = \dfrac{CH}{30}$

③ BHを求める　　BH＝BC－CH

A
?　30 sin 70°
B H 70° C
26－30 cos 70°

④ 左方の直角三角形で、ピタゴラスの定理を用いてABを求める
$AB^2 = AH^2 + BH^2$
$AB^2 = 30^2 + 26^2 - 2 \times 26 \times 30 \times cos 70°$
$AB ≒ 32.3$

この式に注目（→次項）

2つの辺と1つの角から

〜余弦定理〜

前項で余弦定理の考え方の手順を説明したが、余弦定理とは、1つの角とそれをはさむ2辺について、次の式が成り立つことをいう。（△ABCにおいて、∠A、∠B、∠Cの対辺の長さをそれぞれa、b、cとすると）

$a^2 = b^2 + c^2 - 2bc \cos A$

$b^2 = c^2 + a^2 - 2ca \cos B$

$c^2 = a^2 + b^2 - 2ab \cos C$

ここでは、右図の（1）の場合についてだけ証明する。

△ABCの頂点Cから辺ABに垂線を下ろし、その交点をHとして直角三角形を2つ作る。左側の直角三角形AHCにおいて、

$\sin A = \dfrac{CH}{b}$ だから CH＝b sin A

$\cos A = \dfrac{AH}{b}$ だから AH＝b cos A

これより、BH＝AB－AH＝c－b cos A である。

右側の直角三角形BCH にピタゴラスの定理を適用すると、

$a^2 =$ （b sin A)^2＋（c－b cos A)^2

　　$= b^2 \sin^2 A + c^2 - 2bc \cos A + b^2 \cos^2 A$

　　$= b^2 (\sin^2 A + \cos^2 A) + c^2 - 2bc \cos A$

$\sin^2 A + \cos^2 A = 1$ であるから（46ページ）

$a^2 = b^2 + c^2 - 2bc \cos A$

これで、最初の式が求められた。他の2式も同じように証明することができる。

cosを使った定理

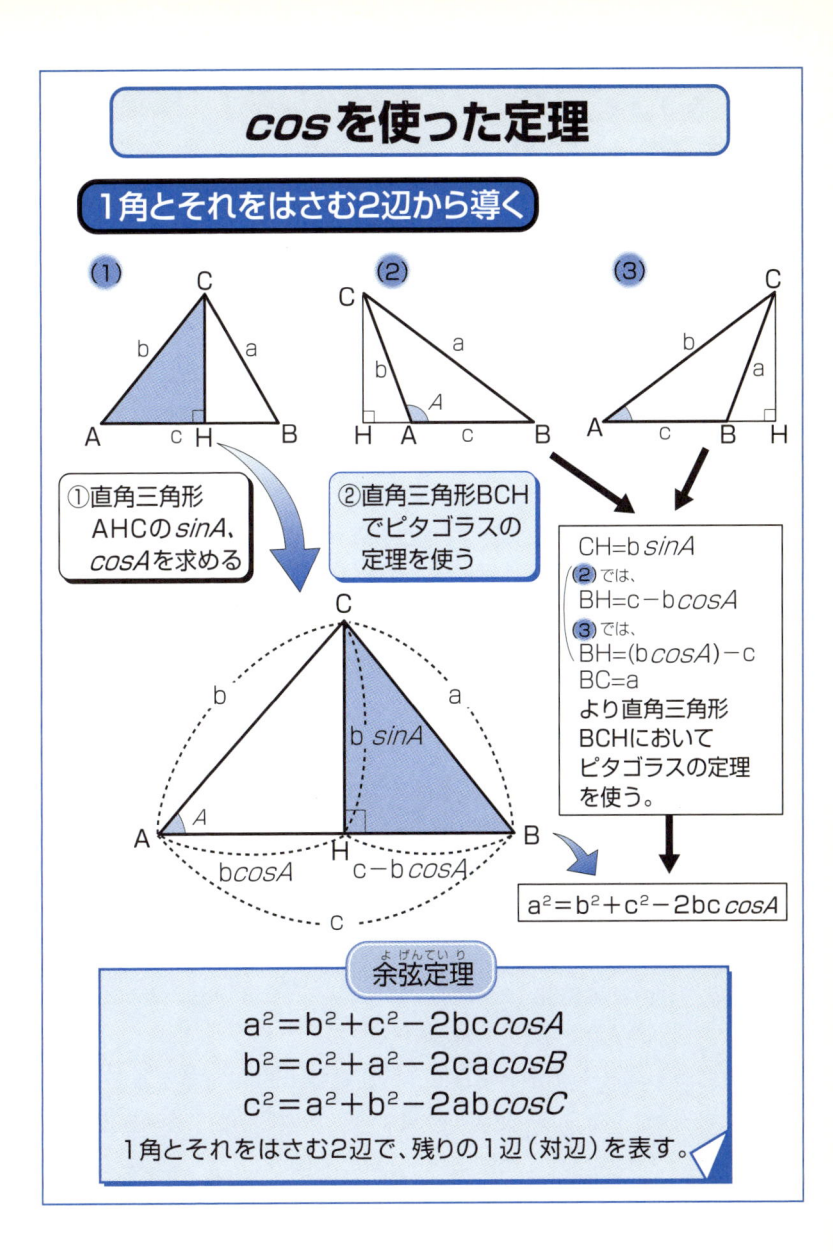

1角とそれをはさむ2辺から導く

① ② ③

①直角三角形AHCの$sinA$、$cosA$を求める

②直角三角形BCHでピタゴラスの定理を使う

$CH = b\,sinA$
②では、$BH = c - b\,cosA$
③では、$BH = (b\,cosA) - c$
$BC = a$
より直角三角形BCHにおいてピタゴラスの定理を使う。

$$a^2 = b^2 + c^2 - 2bc\,cosA$$

余弦定理（よげんていり）

$$a^2 = b^2 + c^2 - 2bc\,cosA$$
$$b^2 = c^2 + a^2 - 2ca\,cosB$$
$$c^2 = a^2 + b^2 - 2ab\,cosC$$

1角とそれをはさむ2辺で、残りの1辺（対辺）を表す。

ベガとアルタイルの距離を測ろう

～余弦定理の利用（1）～

余弦定理は、2つの辺と1つの角がわかれば、残りの辺や角を求めることができる定理である。次の問題を考えてみよう。

『太郎君と花子さんは、高原にキャンプに行き、夏の夜空を楽しんでいた。よく晴れた夜で、天の川をはさんでこと座のベガ（織り姫）とわし座のアルタイル（彦星）が燦然と輝いていた。2人は話をしていくうちに、ベガとアルタイルはどのくらい離れているんだろうということになった。「地球からベガまでは、25.3光年、アルタイルまでは16.5光年離れているそうだ」と太郎君が言った。「それでは、ここからベガとアルタイルの角度を測れば、余弦定理を使って、2つの星のの距離がわかるわね」と花子さんが答えた。そこで、角度を測ってみると38°であった。ベガとアルタイルの距離はどのくらいなのだろうか。』

太郎君たちがいるところをA、ベガをB、アルタイルをCとする。△ABCで、AB＝25.3、AC＝16.5、∠A＝38°だから、2辺と1角がわかる。そこで、余弦定理に当てはめると、

$$BC^2 = (16.5)^2 + (25.3)^2 - 2 \times 16.5 \times 25.3 \times \cos 38°$$
$$= (16.5)^2 + (25.3)^2 - 2 \times 16.5 \times 25.3 \times 0.7880$$
$$= 254.4388$$

したがって　　BC＝15.951…

こうして、ベガとアルタイルの距離は、約16光年であることがわかった。ちなみに、光は1秒間に地球を7周り半する速さである。この光が1年かけて進む距離（約9.5×10^{12}km）が1光年である。計算してみると、ベガとアルタイルは約1.5×10^{14}km離れている。

「2辺と1角」ときたら余弦定理

ベガとアルタイルの距離を求める

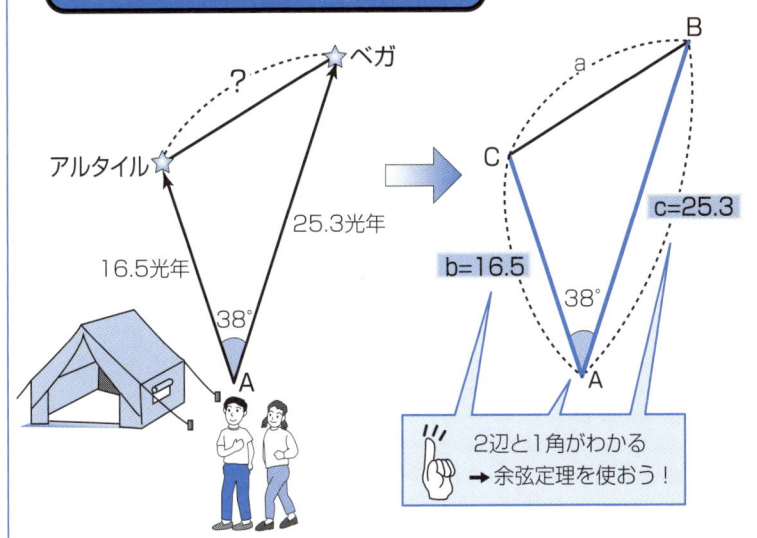

2辺と1角がわかる
→ 余弦定理を使おう！

計算コーナー

余弦定理　$a^2 = b^2 + c^2 - 2bc\cos A$ より

$a^2 = (16.5)^2 + (25.3)^2 - 2 \times 16.5 \times 25.3 \times \cos 38°$
　　$= 254.4388$

$a ≒ \underline{16}$ ← ベガとアルタイルの距離（単位：光年）

電卓コーナー

「$(16.5)^2 + (25.3)^2 - 2 \times 16.5 \times 25.3 \times 0.7880$」の計算

16.5 [×] 16.5 [M+] 25.3 [×] 25.3 [M+] 2 [×] 16.5 [×] 25.3 [×] [・] 788 [M−] [MR] → 表示された結果に [√] → BC=15.951…

辺から角へ

～余弦定理の利用（2）～

余弦定理のもう1つの特徴は、3つの辺の長さがわかったときに、3つの角の大きさが求められることである。

『太郎君と花子さんが乗っていた船は、A港に向かって直進していた。しかし、船がA港の手前18kmのC地点にきたとき、急に「A港から26km離れたB港へ向けて進路を変えなければならなくなった」と船内アナウンスがあった。C地点からB港までは31kmあるとすれば、この船の進路の方向を何度変えなければならないか。』

△ABCにおいて、AB＝26、BC＝31、CA＝18であるから、余弦定理に当てはめると、

$$26^2 = 31^2 + 18^2 - 2 \times 31 \times 18 \times cos\ C$$

したがって、

$$cos\ C = \frac{31^2 + 18^2 - 26^2}{2 \times 31 \times 18} = \frac{609}{1116} = 0.545698\cdots$$

そこで、三角比の表のcosの列から、0.545698…に近い値をさがすと、0.5446が一番近い。そのときの角度を見ると、57°である。したがって、この船の進路の方向を約57°変えなくてはならない。

ここまで、正弦定理、余弦定理の個々の使い方について説明してきた。つまり、「2角と1辺がわかる」場合や「外接円との関係」の場合は正弦定理を使い、「2辺と1角がわかる」場合や「3辺がわかる」場合は余弦定理を使うことを説明してきた。

次の項では、正弦定理と余弦定理の両方を用いる、少し複雑な場合を考えよう。

「3つの辺」がわかるときも余弦定理

3辺から角の大きさを求める公式

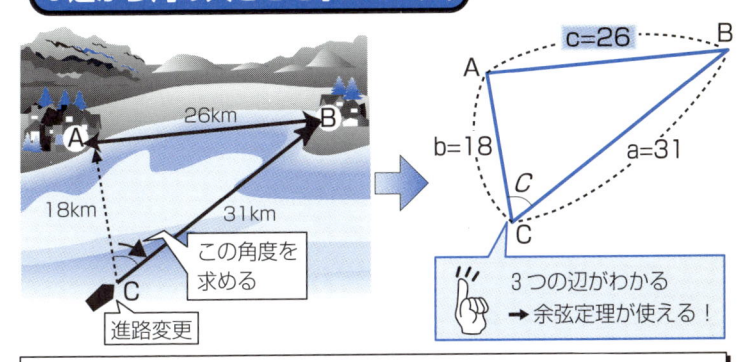

3つの辺がわかる
→ 余弦定理が使える！

（計算コーナー）

余弦定理　$c^2 = a^2 + b^2 - 2ab\cos C$ より

$2ab\cos C = a^2 + b^2 - c^2$

$$\cos C = \frac{a^2 + b^2 - c^2}{2ab}$$

3辺から1つの角を求めるときの式

この式に、a=31、b=18、c=26 を代入して計算すると、$\cos C = 0.545698\cdots$　三角比の表より $C \fallingdotseq 57°$

正弦定理と余弦定理の使い方（まとめ）

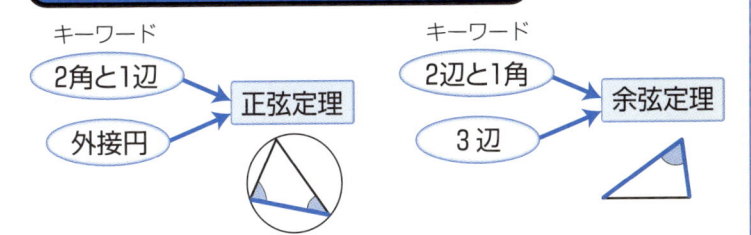

キーワード
- 2角と1辺
- 外接円
→ 正弦定理

キーワード
- 2辺と1角
- 3辺
→ 余弦定理

対岸の2点間の距離を測る（問題編）

～正弦・余弦定理の利用（問題編）～

 ここまで、正弦定理、余弦定理とはどういうものかを説明してきた。正弦定理は、主に「2角と1辺がわかっているときに、他の辺を求める」のに使われ、余弦定理は、主に「2辺と1角がわかっているときに、他の辺を求める」のに使われる。

 ここでは、この2つの定理を用いて対岸の2点間の距離を測ろう。『太郎君と花子さんは、ハイキングに来て、川のそばで休むことにした。川の対岸を見ると大きな木が2本立っている。この2本の木の距離はどのくらいなのか？』

 2本の木がある岸には渡れないので、もちろん直接測ることはできない。太郎君たちのいる川岸から、行くことのできない反対側にある2本の木の距離を測ろうというのである。そこで、『太郎君のいる場所をAとし、そこから10m離れた場所をBとして、A、Bから2本の木P、Qへの角度を測る。図の4つの角を測ったら、40°、35°、50°、70°であった。』これで、PQ間の距離を求めてみよう。

 PQの距離を求めることを逆から考えてみよう。①△APQにおいて、∠PAQ＝40°がわかっているから、APとAQがわかれば、2辺と1角がわかるので余弦定理よりPQが求められる。②そこで、APとAQを求める。③△PABにおいて、辺AB＝10、APに向き合う角∠ABP＝50°だから、辺ABに向き合う角∠APBがわかれば、正弦定理からAPがわかる。△QABにおいても同様で、ABの向かい合う角∠AQBがわかれば、正弦定理を使ってAQがわかる。④ABの向かい合う角∠APB、∠AQBを求める。

 このような道筋で、次項で実際に問題を解いていくことにしよう。

解答の道筋をつける

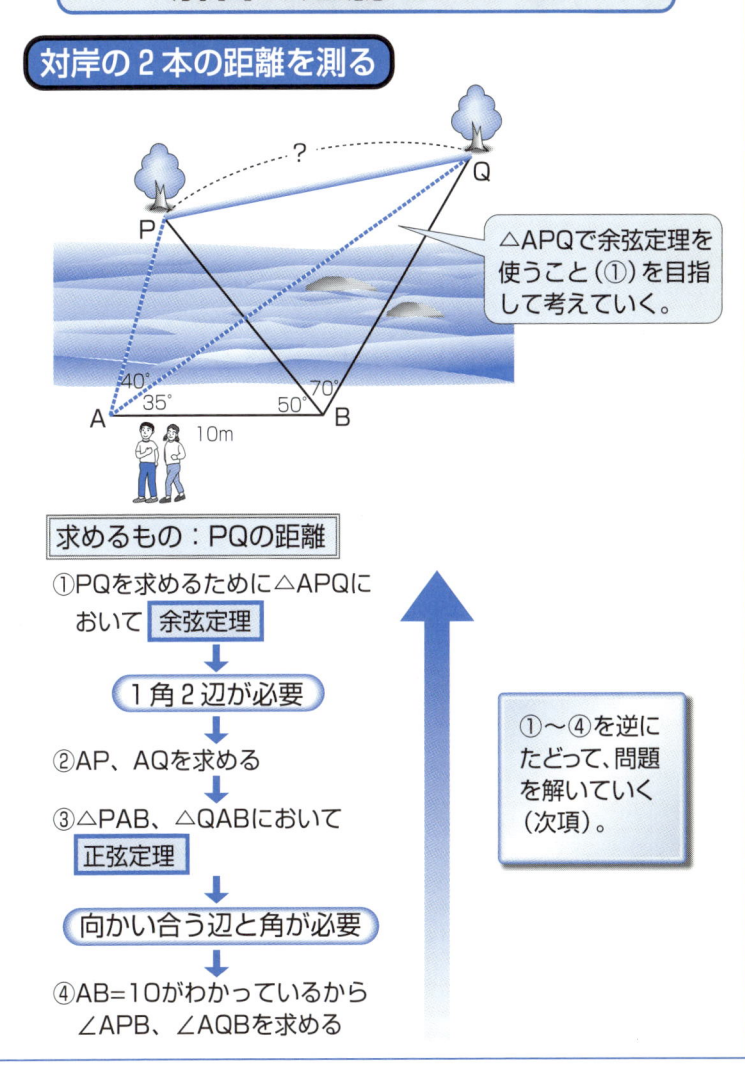

対岸の2本の距離を測る

△APQで余弦定理を使うこと(①)を目指して考えていく。

求めるもの：PQの距離

①PQを求めるために△APQにおいて 余弦定理

1角2辺が必要

②AP、AQを求める

③△PAB、△QABにおいて 正弦定理

向かい合う辺と角が必要

④AB=10がわかっているから ∠APB、∠AQBを求める

①〜④を逆にたどって、問題を解いていく（次項）。

対岸の2点間の距離を測る（解答編）

～正弦・余弦定理の利用（解答編）～

前項で示した問題は、次のように整理できる。

『太郎君のいる場所をA、そこから10m離れた場所をBとする。A、Bから2本の木P、Qへの角度を測る。図の4つの角を測ったら、40°、35°、50°、70°であった。これで、PQ間の距離を求めてみよう。』

前項の①から④の手順を逆からたどっていこう。

④△PABにおいて、∠APB＝180°－(40°＋35°＋50°)＝55°

③正弦定理を適用して　　$\dfrac{AP}{sin 50°} = \dfrac{10}{sin 55°}$

②したがって、AP＝$sin 50°×\dfrac{10}{sin 55°}$＝0.7660×$\dfrac{10}{0.8192}$≒9.35

④△QABにおいて、∠AQB＝180°－(35°＋50°＋70°)＝25°

③正弦定理を適用して　　$\dfrac{AQ}{sin 120°} = \dfrac{10}{sin 25°}$

②$sin 120°＝sin(180°－120°)＝sin 60°＝0.8660$ だから、

　AQ＝$sin 120°×\dfrac{10}{sin 25°}$＝0.8660×$\dfrac{10}{0.4226}$≒20.5

①△APQに余弦定理を適用して、

　PQ²＝(9.35)²＋(20.5)²－2×9.35×20.5×0.7660

　　　＝87.4225＋420.25－293.6461≒214.0264

したがって、PQ＝14.629641 だから 約14.6mである。

ここで、PQを求める電卓での計算は、次の通りである。

AC 9 ・ 35 × × M+ 20 ・ 5 × × M+ 2 × 9 ・ 35 × 20 ・ 5 × ・ 766 M− MR √

2つの定理を使いこなす

（前項の続き）

前項①〜④の手順を逆からたどっていく。

④ △PAB / △QAB

正弦定理

③ $\dfrac{AP}{sin 50°} = \dfrac{10}{sin 55°}$ $\dfrac{AQ}{sin 120°} = \dfrac{10}{sin 25°}$

② AP ≒ 9.35   AQ ≒ 20.5

① △APQ

余弦定理

$PQ^2 = AP^2 + AQ^2 - 2AP \cdot AQ \cdot cos 40°$

≒ 214.0264

よって、PQ ≒ 14.6 ← 答え

面積と三角比

～三角形の面積の公式～

今までは、距離や高さなどといった線分の長さを求めてきたが、ここから三角形や四角形の面積を求めることにしよう。

△ABCについて、頂点Bから辺ACに垂線を下ろしその交点をHとする。三角形の面積は、(底辺)×(高さ)÷2であるから、△ABCの面積をSとすると、S=AC×BH÷2である。AC=bであるから、BHを求めればよい。そこで、直角三角形ABHにおいて、AB=cであるから、BH=c sin Aである。したがって、

$$S = b \times c \sin A \div 2 = \frac{1}{2} bc \sin A \text{ である。}$$

∠B、∠C についても、同じように求められる。このことから、三角形の面積は、2つの辺とその間の角がわかれば求められる。

次に、この式の応用として、図1の四角形ABCDの面積Sを求めよう。図1のように対角線の長さが、AC=p、BD=qで、2本の対角線がつくる角がθであるとし、対角線の交点をOとする。

図2のように、点Aを通り対角線BDに平行な直線と、点Bを通り対角線ACに平行な直線との交点をEとする。同じように、点F、点G、点Hをとると、平行四辺形EFGHができる。平行四辺形OAEBは図2の三角形の②の面積の2倍になっている。他の3つの平行四辺形も同じだから、平行四辺形EFGHの面積は、四角形ABCDの面積Sの2倍である。そして、平行四辺形EFGHの面積は、互いに面積が等しい△EFHと△GHFの面積の和である（図3）。したがって、

$$S = (2 \times \frac{1}{2} pq \sin \theta) \times \frac{1}{2} = \frac{1}{2} pq \sin \theta \text{ で求められる。}$$

sin を使って面積を求める

三角形の面積

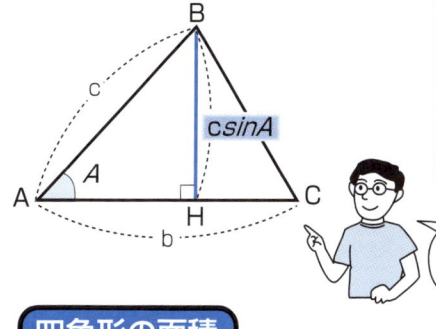

$$S = \frac{1}{2}bc\sin A = \frac{1}{2}ca\sin B = \frac{1}{2}ab\sin C$$

2辺とその間の角がわかれば面積が求められるんだ！

四角形の面積

図1 対角線を引く

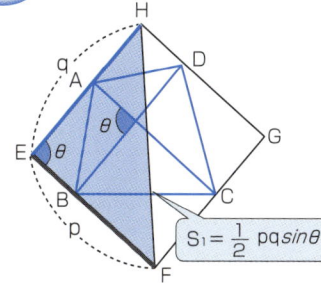

図2 平行四辺形EFGHをつくる

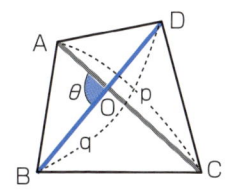

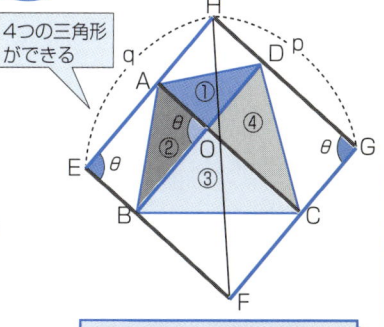

4つの三角形ができる

図3 △EFHと△GFHに分ける

$S_1 = \frac{1}{2}pq\sin\theta$

四角形ABCDの面積
$= \underbrace{(2 \times S_1)}_{\text{図3より}} \times \underbrace{\frac{1}{2}}_{\text{図2より}}$
$= \frac{1}{2}pq\sin\theta$

3辺から三角形の面積を求める

～ヘロンの公式～

前項では、2辺とその間の角がわかると面積が求められることを見てきた。ここでは、3つの辺の長さがわかると面積が求められることを見ていこう。

『△ABCの3辺の長さが、$a=5$、$b=6$、$c=7$である△ABCの面積Sを求めよ。』

3辺の長さがわかっているから、①余弦定理$a^2=b^2+c^2-2bc \times \cos A$から、$\cos A$の値を求める。②$\cos A$の値から、$\sin^2 A + \cos^2 A = 1$を使って、$\sin A$の値を求める。③これで、2辺とその間の角がわかったので面積Sが求められる。

それでは、この①、②、③の順に計算を実行しよう。
①余弦定理から $5^2 = 6^2 + 7^2 - 2 \times 6 \times 7 \times \cos A$ であるので、

$$\cos A = \frac{6^2 + 7^2 - 5^2}{2 \times 6 \times 7} = \frac{5}{7}$$

②$\sin^2 A + \cos^2 A = 1$ より $\sin^2 A = 1 - \cos^2 A$

$\sin A > 0$ であるから

$$\sin A = \sqrt{1 - \cos^2 A} = \sqrt{1 - \left(\frac{5}{7}\right)^2} = \frac{\sqrt{24}}{7} = \frac{2\sqrt{6}}{7}$$

③したがって、 $S = \dfrac{1}{2} \times 6 \times 7 \times \dfrac{2\sqrt{6}}{7} = 6\sqrt{6}$

これで面積が求められた。しかし、いつもこのように計算していると面倒である。この①～③の順に数値ではなく文字のまま計算していくと、変形が複雑ではあるが右ページような便利な公式が導かれる。これが、ヘロンの公式である。

これは便利！ヘロンの公式

3辺がわかっている場合の三角形の面積

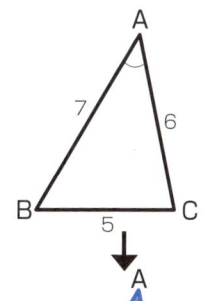

① 余弦定理から $cosA$ を求める

$$cosA = \frac{b^2+c^2-a^2}{2bc}$$

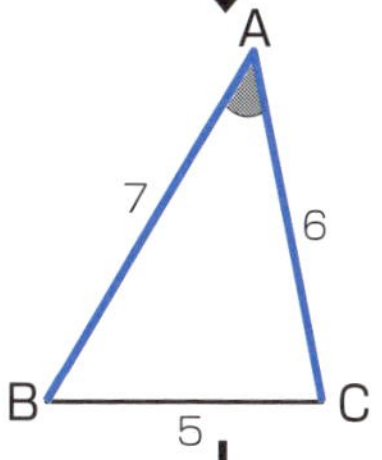

② $sinA$ を求める

$$sin^2A + cos^2A = 1$$

よって $sinA = \sqrt{1-cos^2A}$

$$= \sqrt{1-\left(\frac{b^2+c^2-a^2}{2bc}\right)}$$

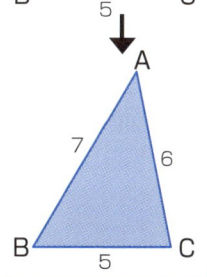

③ 面積の公式を使う

$$S = \frac{1}{2}bc\sqrt{1-cos^2A}$$

展開して整理すると…

ヘロンの公式

$s = \frac{1}{2}(a+b+c)$ とおくと

面積Sは、$S = \sqrt{s(s-a)(s-b)(s-c)}$

こんなにきれいな形の式になった！

牧草地の面積を求めよう

〜面積の公式の応用〜

これまでに見てきた面積の公式を使って次の問題を考えてみよう。

『太郎君と花子さんがハイキングに来たとき、柵(さく)に囲まれた牧草地があった。近くの看板には、牧草地の図が書いてあり、牧草地を四角形ABCDとすると、4辺の長さと1つの角が、AB=50m、BC=80m、CD=30m、DA=50m、∠ADC=120°であった。そこで、太郎君は、この柵で囲まれている四角形ABCDの面積を求めることにした。』

四角形ABCDの面積をS、△ABCの面積をS_1、△ACDの面積をS_2とすれば、$S=S_1+S_2$ である。まず、△ACDについては、2辺とその間の角がわかるので面積の公式より

$$S_2=\frac{1}{2}\times50\times30\times sin\,120°=750\times\frac{\sqrt{3}}{2}=375\sqrt{3}≒650m^2$$

次に、三角形ABCについては、AB、BCの長さがわかっているから、ACの長さがわかれば、ヘロンの公式より面積を求めることができる。ACは、△ACDに余弦定理を使えば求められる。

$AC^2=50^2+30^2-2\times50\times30\times cos\,120°$

$\qquad=2500+900-3000\times(-\frac{1}{2})=4900$、よってAC=70m

そこで、△ABCの面積は、ヘロンの公式を使って、

$s=(50+80+70)\div2=100$ だから、

$S_1=\sqrt{100\times(100-50)\times(100-80)\times(100-70)}=\sqrt{3000000}≒1732$

となり、四角形ABCDの面積は、

$S=S_1+S_2≒1732+650=2382m^2$　である。

面積の求め方の手順

わかっている値から整理していく

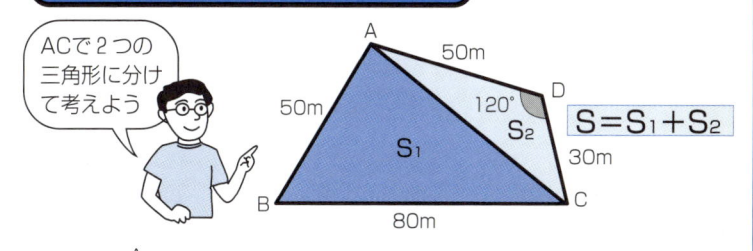

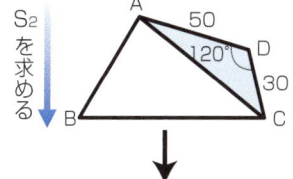

ACで2つの三角形に分けて考えよう

$S = S_1 + S_2$

S_2 を求める

△ACDについて、面積の公式を使う

$S_2 = \dfrac{1}{2} \times 50 \times 30 \times sin\,120°$

S_1 を求める

△ABCについて、ヘロンの公式を使う

→ACを求める
→△ACDについて、余弦定理を使う

$AC^2 = 50^2 + 30^2 - 2 \times 50 \times 30 \times cos\,120°$

よって、AC=70

ヘロンの公式より、

$s = (50 + 80 + 70) \div 2 = 100$
$S_1 = \sqrt{100 \times (100-50) \times (100-80) \times (100-70)}$
$= \sqrt{3000000} = 1000\sqrt{3}$

S を求める

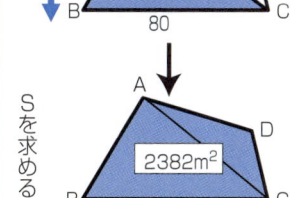

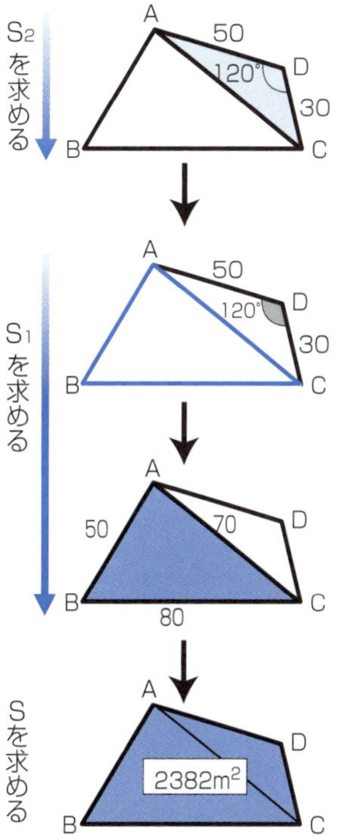

2382m²

$S = S_1 + S_2$
$= 1000\sqrt{3} + 375\sqrt{3}$
$= 1375\sqrt{3} \fallingdotseq \underline{2382}$ (m²)

三角形に内接する円

～内接円と面積の公式～

正弦定理のところで、三角形に外接する円を外接円といったが、逆に、三角形に内接する円を内接円という。ここでは、三角形の面積S、内接円の半径rの関係式を求めよう。

△ABCの内接円の中心をOとする。また、△ABCの面積をS、△OBCの面積をS_1、△OCAの面積をS_2、△OABの面積をS_3、内接円の半径をrとする。内接円の中心Oから各辺に下ろした垂線の長さは半径に等しいから、

$S_1=\frac{1}{2}ar$、$S_2=\frac{1}{2}br$、$S_3=\frac{1}{2}cr$ だから、

$S=S_1+S_2+S_3=\frac{1}{2}ar+\frac{1}{2}br+\frac{1}{2}cr$
$=\frac{1}{2}r(a+b+c)$

$(a+b+c)\div2=s$とおくと、 $S=rs$ が成り立つ。この公式を使うと、次のような問題を解くことができる。

『太郎君の家の近くにある公園に、三角形の形をした花壇がある。花壇の3辺に接するように円形に赤い花が植えてある。花壇の3辺の長さは、それぞれ15m、18m、21mであるという。この赤い花がつくる円の半径はどのくらいか』

3辺の長さがわかっているから、ヘロンの公式より花壇の面積が求められる。$s=(15+18+21)\div2=27$だから

$S=\sqrt{27\times(27-15)\times(27-18)\times(27-21)}$
$=\sqrt{27\times12\times9\times6}=54\sqrt{6}$

求める半径をrとすると、面積と内接円の半径の関係から $54\sqrt{6}=r\times27$である。よって、$r=2\sqrt{6}≒4.9m$ である。これで、赤い花が作る円の半径が求められた。

もうひとつの面積公式

内接円と三角形の面積

◀内接円とは？▶

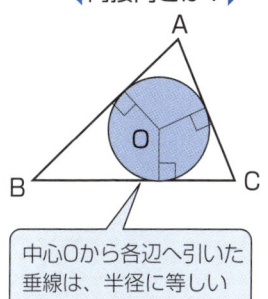

◀3つの三角形に分ける▶

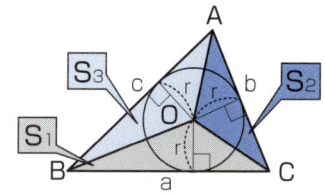

中心Oから各辺へ引いた垂線は、半径に等しい

$S_1 = \dfrac{1}{2} \times (底辺) \times 高さ = \dfrac{1}{2} ar$

同様に、$S_2 = \dfrac{1}{2} br$, $S_3 = \dfrac{1}{2} cr$

$S = S_1 + S_2 + S_3$ だから

$$S = \dfrac{1}{2} r(a+b+c)$$

$s = a+b+c \div 2$ とおくと、$S = rs$

面積の公式を使いこなす

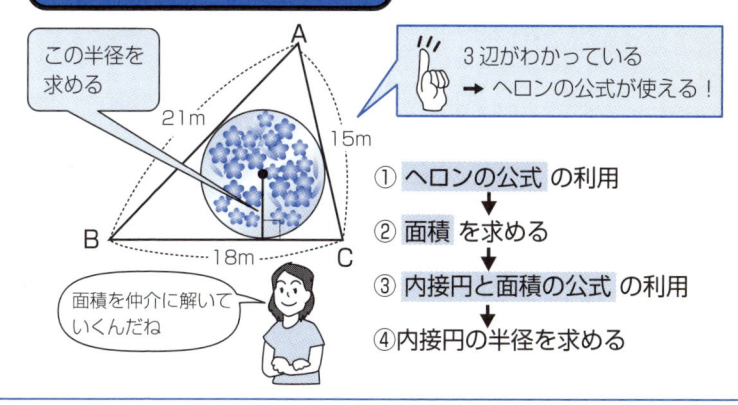

この半径を求める

21m, 15m, 18m

3辺がわかっている
→ ヘロンの公式が使える！

① **ヘロンの公式** の利用
↓
② **面積** を求める
↓
③ **内接円と面積の公式** の利用
↓
④ 内接円の半径を求める

面積を仲介に解いていくんだね

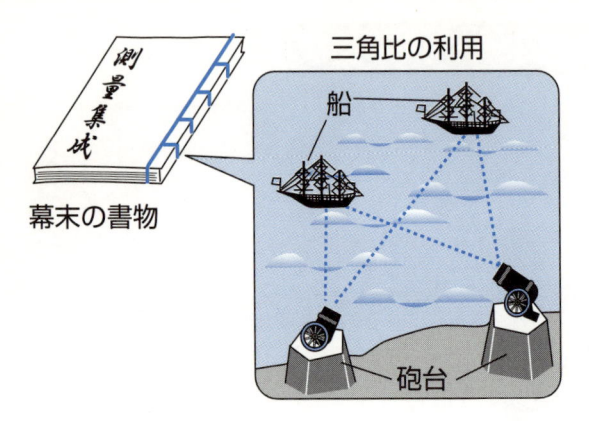

日本での三角比

　三角比は日本ではどうであったのか見てみよう。
　ヨーロッパの17世紀の初めまでの数学が、18世紀の中頃（江戸時代の徳川吉宗の享保年間）に、中国を通して日本に伝えられた。その中に三角比も含まれていた。はじめはあまり関心がもたれなかったが、18世紀末ごろから諸外国の船が日本の沿岸に現れるようになり、幕府も精密な日本地図を作成する必要に迫られ、海岸地域の測量に三角比が利用されるようになった。
　幕末に刊行された福田理軒の「測量集成」（1856年）には、正接の値を利用して木の高さを求める問題や、2つの砲台から沖の船までの距離を求める問題などが載せられている。三角比の表は、「割円八線表」あるいは「割円表」などと呼ばれていた。

Chapter 3

波の関数・三角関数

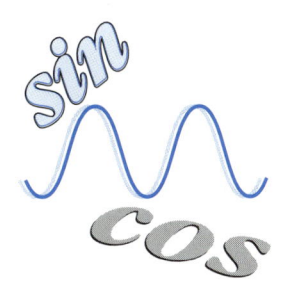

sin、cos、tanの生い立ち（1）

～円から生まれたsin～

　前章までは、0°から180°までの角に対する三角比を考え、測量に応用してきた。この章からは、180°より大きい角に対する三角比も考えていく。そして、三角形などの図形から離れ、"関数"としてのsin、cos、tanを見ていくことにしよう。

　さて、関数としてのsin、cos、tanを考える前に、三角比の生い立ちを見てみよう。実は、正弦（sin）が直角三角形から定義されたのは16世紀になってからで、ドイツのラエティクスが考えた。それ以前は、右図のように円の弦の長さで定義されていた。弦とは、円周上の点を結んだ線分のことである。たとえば、紀元前150年頃、天体観測の必要から、ギリシアのヒッパルコスが中心角に対する弦の長さを求め、その値を表にまとめた。それが「弦の表」である。その後、150年頃にプトレマイオス（英語名はトレミー）がトレミーの定理を用いて、さらに詳しい表を作った（28、128ページ）。

　この弦の表はインドに伝わり、510年頃アリアバタが中心角2θの半分θに対して、弦の半分の長さを計算し、より正確な表を作成した。ここで示されたものが今日の正弦にあたる。正弦を、バラモンの言葉でjiva（弦という意味）と呼んだ。

　次にアラビア人に引き継がれ、正接（tan）も計算されるようになった。正弦のjiva（ジバア）はアラビア語で発音が近いjaib（ジャイブ）になった。しかしこの言葉は、「入り江」「谷間」のことを意味し、「弦」という意味とは離れてしまった。そして、ヨーロッパに伝わり、「入り江」「谷間」の意味であるラテン語のsinus（シナス）に変わり、それが英語ではsineとなり、17世紀にsinとなった。

弦の長さが sin の起源

sin の移り変わり

sin の始まり（ギリシア）

ABの長さが $\sin\theta$

「弦の表」（三角比の表）もより正確に整えられていったんだ

インドへ

ACの長さが $\sin\theta$
上記の半分になった

現在の定義（ドイツのラエティクスによる）

$\sin A = \dfrac{a}{c}$
直角三角形から考えるやり方は16世紀になってから

sin の呼び名

インド	アラビア	ラテン	
ジバア jiva	ジャイブ jaib	シヌス sinus	サイン sine
「弦」	「入り江」	「入り江」	

sin、cos、tanの生い立ち(2)

～三角比から三角関数へ～

　前項で、正弦はギリシアで考え出され、それがインド、アラビアに伝わって発展してきたことを述べた。そして、これらの成果をヨーロッパへ紹介したのは、15世紀のドイツのレギオモンタヌス（28ページ）である。余弦は、インドではコチジバアと呼ばれていたが、彼によって、sinus complementi（補足の正弦）というようになり、これを短くしてco-sinusというようになった。そして、16世紀にイギリスのグンデルが cos を使った。

　一方、17世紀の前半にデカルトにより平面上に座標が導入され、いわゆる座標平面が考え出された。座標平面上で図形を方程式で表し、図形の性質を代数的な計算によって調べる解析幾何学が芽生えた。そして17世紀後半に、物理現象を説明するために、ニュートンによって微分積分が開発された。それと同時期に、ライプニッツがニュートンとは独立に微分積分を確立した。今日使われている微分積分の記号は、ライプニッツによるところが多い。また、function（関数）という言葉を用いたのも彼である。

　この微分を使って、関数を x^n（n＝0,1,2,…）の無限個の和で表す（これをべき級数展開という）ことが行われ、18世紀になって、オイラーが、$\sin x$、$\cos x$、e^x（178ページ）をべき級数展開して、$e^{ix} = \cos x + i \sin x$ という式を導き出した。そして、19世紀になって、フーリエが熱伝導の問題から、関数を sin、cos の無限個の和で表すことを確立した。この2つのことから、sin、cos の重要性が増し、多くの分野で sin、cos は必要不可欠な道具となった。

　次の項から、17世紀以後の sin、cos を見ていくことにしよう。

図形と関数の出会い

図形・関数の研究の発展

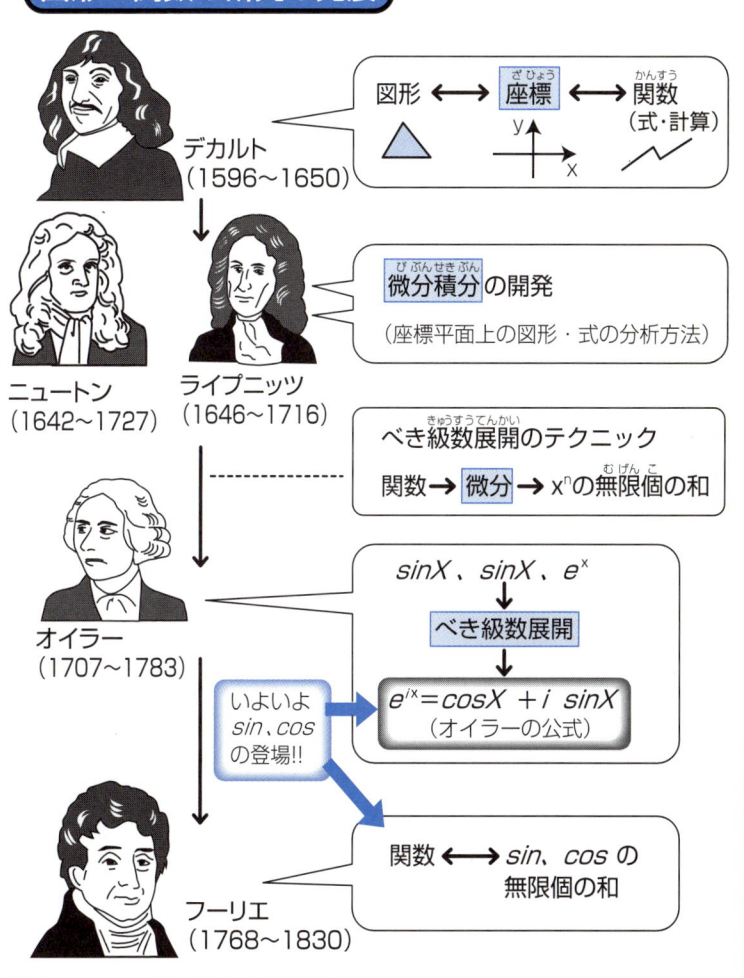

デカルト (1596〜1650)

図形 ⟷ 座標 ⟷ 関数（式・計算）

ニュートン (1642〜1727)
ライプニッツ (1646〜1716)

微分積分 の開発
（座標平面上の図形・式の分析方法）

オイラー (1707〜1783)

べき級数展開のテクニック
関数 → 微分 → x^n の無限個の和

$sinX$、$sinX$、e^x
↓
べき級数展開

$e^{ix} = cosX + i\, sinX$
（オイラーの公式）

いよいよ sin、cos の登場!!

フーリエ (1768〜1830)

関数 ⟷ sin、cos の無限個の和

平面に番地をつけよう

～座標～

　前項までで*sin*、*cos*、*tan* の生い立ちを見てきた。これより、図形から離れて、関数としての*sin*、*cos*、*tan* を見ていこう。そこで、まず関数の生息地ともいえる座標平面を見ていくことにする。

　直線上の点と実数とを1対1に対応させた直線を数直線といい、1つの点Aに対応する実数aを点Aの座標と呼んだ（40ページ）。そして、その点をA（a）と書いた。これと同じように、平面上の点に対応する座標をここで考えていこう。

　平面上の点の位置を決めるためには、まず、基準となる点が必要である。そこで、平面上に1つの点Oを定め、原点と呼ぶ。次に、原点Oを通り水平な直線と垂直な直線を引く。水平な直線では、右方向をプラス、垂直な直線では上方向をプラスにとる。そして、水平な直線をx軸、垂直な直線をy軸と呼ぶ。

　平面上に1つの点Pがあるとき、点Pからx軸に垂線を下ろし、x軸との交点の座標をx_1とする。また、y軸に垂線を下ろし、y軸との交点の座標をy_1とする。そして点Pに対して、2つの実数の組（x_1, y_1）を対応させる。すると、平面上の点Pと2つの実数の組（x_1, y_1）とは1対1に対応する。そこで、点Pに対して2つの実数の組（x_1, y_1）を点Pの座標といい、P（x_1, y_1）と書く。x_1を点Pのx座標、y_1を点Pのy座標という。いわば平面の「番地」のようなものである。

　座標が定められた平面を座標平面という。座標平面は、x軸、y軸で4つの部分に分けられる。x＞0、y＞0となる部分を第1象限といい、反時計回りに順に第2象限、第3象限、第4象限という。

関数の生息地?!

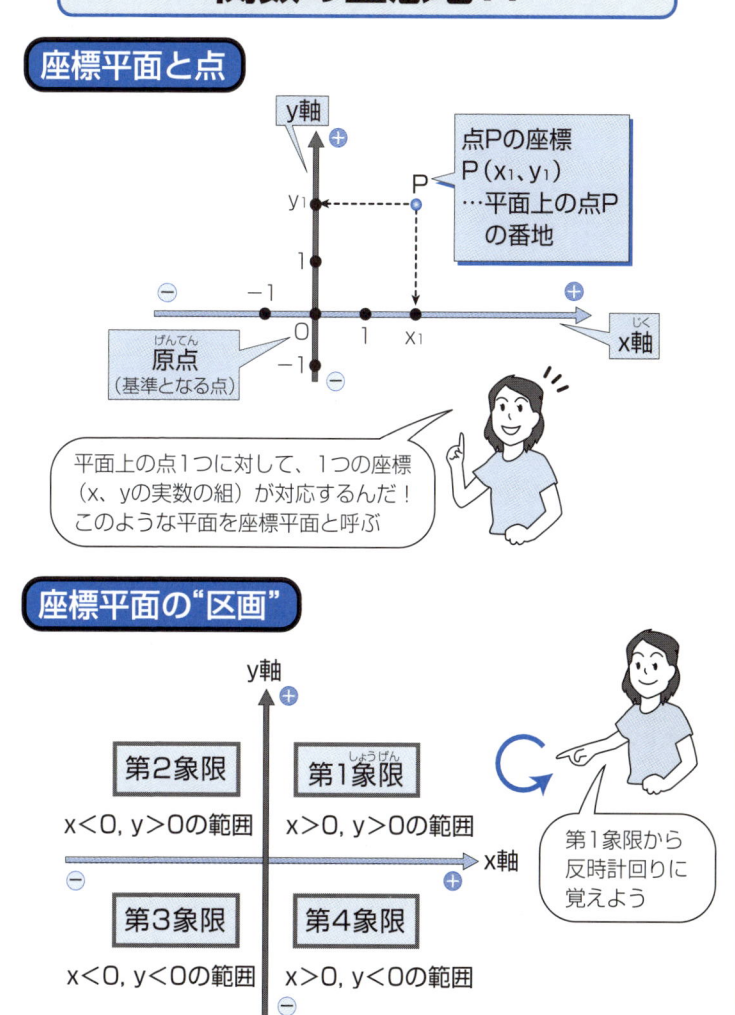

座標平面と点

点Pの座標
$P(x_1, y_1)$
…平面上の点Pの番地

原点
(基準となる点)

平面上の点1つに対して、1つの座標（x, yの実数の組）が対応するんだ！このような平面を座標平面と呼ぶ

座標平面の"区画"

第2象限 — $x<0, y>0$ の範囲
第1象限 — $x>0, y>0$ の範囲
第3象限 — $x<0, y<0$ の範囲
第4象限 — $x>0, y<0$ の範囲

第1象限から反時計回りに覚えよう

数と数との関係

~関数~

さて、いよいよ関数の登場である。"関数"は、文字通り"数と数の関係"である。どのような関係なのかを見てみよう。

たとえば、「はがきの枚数と代金」を考えよう。はがき1枚を買うと、代金は50円である。2枚買うと、代金は50×2＝100円。3枚買うと、代金は50×3＝150円である。はがきの枚数が決まれば、代金がただ一通りに決まる。このように、1つの数に対して、数がただ1つだけ決まるとき、その関係を関数という。この例では、はがきの枚数をx枚とし、その代金をy円とすると、y＝50xという関係式が成り立つ。このとき、xやyはいろいろな数をとるので、変数という。特に、xは、0, 1, 2, …というように、独立して0以上の勝手な整数をとることができるので、xを独立変数という。yはxの数によって決まるので、yを従属変数という。

そして、この例では、xは"はがきの枚数"なので、0枚、1枚、2枚、…と、0以上の整数ならば意味があるが、−2枚とか、0.5枚とかは意味がない。このように、xがとることのできる数全体を、その関数の定義域という。yも0円、50円、100円、…という具合に、0または50の正の倍数しかとることができない。このように、yがとることができる数全体を値域という。

それでは、xが独立変数で、yが従属変数である $y^2＝x$ という関係式を考えてみよう。ここでは、xが4のとき、yは2または−2になる。このように、1つの値に対して2つ以上の数が対応するとき、その関係は関数とはいわない。つまり、$y^2＝x$ は関数ではない。

1対1の関係

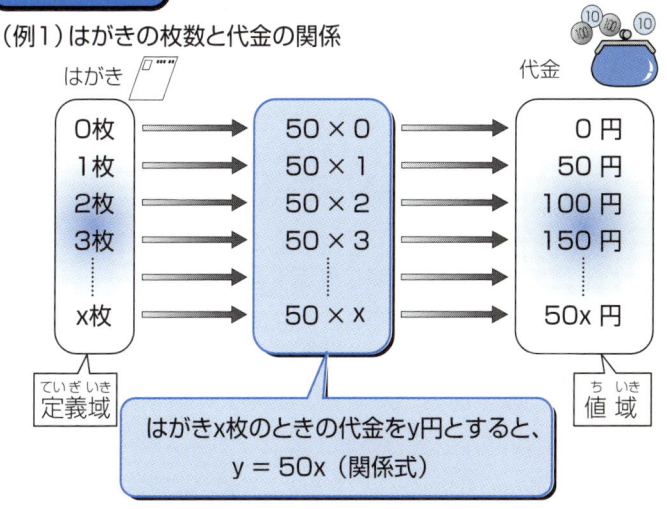

関数とは？

(例1) はがきの枚数と代金の関係

はがき → 代金

0枚	50×0	0円
1枚	50×1	50円
2枚	50×2	100円
3枚	50×3	150円
x枚	50×x	50x円

定義域 / 値域

はがきx枚のときの代金をy円とすると、
y = 50x （関係式）

1つの数xに対して、ただ1つの数yが決まるとき、yはxの関数であるという。

(例2) 関係式 $y^2 = x$ の場合

$x = 1$ → $y^2 = 1$ → $y = 1, -1$
$x = 4$ → $y^2 = 4$ → $y = 2, -2$

1つのxの値 ────→ 2つのyの値

1対1対応ではないから、yはxの関数ではない！

関数を目で見よう

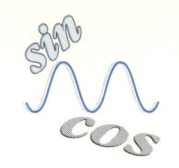

～関数のグラフ～

1つの数に対して、ただ1つの数が対応するとき、その関係を関数といった。たとえば、$y = x^2$ という関係を見てみよう。x が、$-2, -1, 0, 1, 2, 3, \cdots$ という数をとると、それに対応して y は、$4, 1, 0, 1, 4, 9, \cdots$ という数が決まる。したがって、$y = x^2$ は関数である。

ところで、この関数の変化の仕方を調べるとき、このように対応する数字を羅列しただけでは、その変化の仕方がわかりにくい。そこで、この関数を目で見えるようにしたのがグラフである。

ここで座標平面が登場する。関数 $y = x^2$ では、$x = 1$ のとき $y = 1^2 = 1$ なので、座標平面上に点（1, 1）をとる。$x = 2$ のときは $y = 2^2 = 4$ なので、座標平面上に点（2, 4）をとる。というぐあいに、x の値に対応する y の値を求め、その x の値を x 座標、y の値を y 座標にもつ点を座標平面上にとっていく。つまり、$x = a$ のときの y の値 $y = a^2$ により点（a, a^2）が決まり、この点を座標平面上にとる。このような点を、関数の定義域に含まれるすべての x の値に対してとっていく。すると、座標平面上に1つの図形が現れる。この図形が、関数 $y = x^2$ のグラフである。

関数は $y = x^2$ だけでなく、$y = x^3 + 1$、$y = x^2 + 2x$、…と無数にある。そのため、すべての関数は書ききれないので、関数を代表して、一般に $y = f(x)$ と書く。このように書くと、$x = a$ のときの y の値は $f(a)$ であるから、$y = f(x)$ のグラフは、点（a, $f(a)$）の集合になるというわけだ。

目で見える関数の形

関数 y=x²のグラフ

① xに対応するyの値を調べる。

x	y (=x²)	点 (x,x²)
⋮	⋮	⋮
−4	16	(−4,16)
−3	9	(−3, 9)
−2	4	(−2, 4)
−1	1	(−1, 1)
0	0	(0, 0)
1	1	(1, 1)
2	4	(2, 4)
3	9	(3, 9)
4	16	(4, 16)
⋮	⋮	⋮

② すべてのxに対応するyの値との点をとっていく。

y=x²はこういう形をしているのか…
グラフにすると、関数の対応関係を目で見ることができるね！

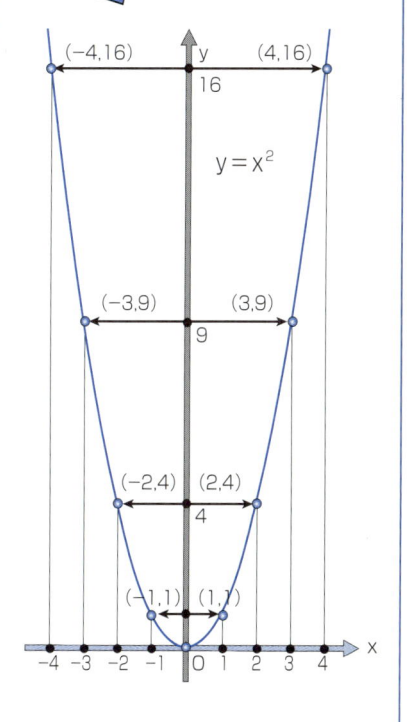

360°よ、さようなら

～弧度法～

前項までのように考えると、y＝sinθは、角θ（シータ）が決まると三角比の値yが1つだけ決まるから、関数である。この関数を調べるために、y＝sinθのグラフを座標平面上に描きたい。しかし、角の大きさとしてθが度数で表されているため、x軸の単位とは比較できない。たとえば、30°と30cmは、どちらが大きいかなど比較ができない。そのために他の関数、たとえばy＝2xなどと同じ座標平面上にグラフが描けない。そこで、度数の代わりになり、普通の数値と比較できるものを考えなければならない。

度数の代わりに角を表すものとしては、弧の長さが考えられる。しかし、弧の長さは半径によって変わる。たとえば、中心角が60°の弧の長さは、円周の長さ（＝2π×半径、ただしπは円周率）の360分の60だから、半径が2の場合、$2\pi \times 2 \times \frac{60}{360} = \frac{2\pi}{3}$ である。同様に、半径が4の場合、$2 \times 4 \times \pi \times \frac{60}{360} = \frac{4\pi}{3}$ となり、半径が2の場合の2倍の長さになる。このため、弧の長さで角の大きさを表すには半径を一定にする必要がある。そこで、半径が1である円の弧の長さで、角の大きさを表すことにする。これが弧度法である。つまり、360°を半径1の円周の長さ2πに対応させ、360°＝2π rad と表現する。たとえば、180°ならばπ rad である。rad は、ラジアン（radian）と読む。この言葉は、ラテン語のradius（半径）からきていて、1871年にイギリスのジェームズ・トムソンによって導入された。以降では度数を用いずラジアンを用いることにする。

角度θのもう1つの表し方

弧度法とは

関数 y= sin θ のグラフを描きたい

↓

θをx軸の値として比較できるもので表す

↓

θを、中心角を利用した弧の長さで表す

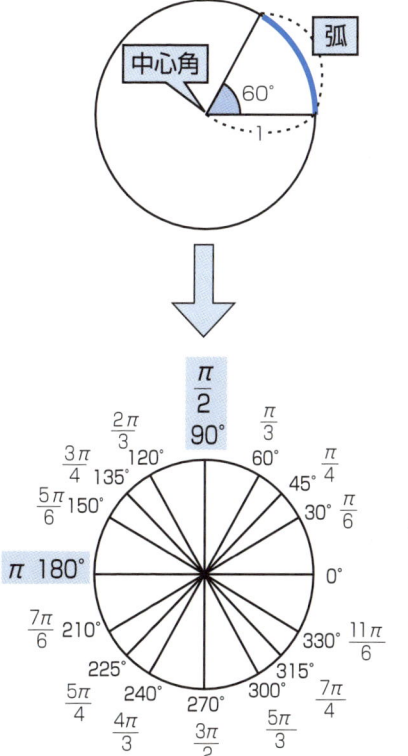

弧度法

半径1の弧の長さで角度を表す。

（例）60°の場合

半径の弧の長さは

$$2\pi \times \frac{60}{360} = 2\pi \times \frac{1}{6}$$

$$= \frac{1}{3}\pi$$

弧度法によるθの大きさ
（正式には、$\frac{1}{3}\pi$ rad と表す）

◀ 主な角の弧度法による表記 ▶

$$360° = 2\pi \ rad$$
$$180° = \pi \ rad$$
$$90° = \frac{\pi}{2} \ rad$$

ぐるぐる回る角

~一般角~

$\sin\theta$ は角 θ が決まれば、1つの $\sin$ の値が決まる。したがって、$y=\sin\theta$ は関数である。ところが、今までは $0\,rad$（$=0°$）から $\pi\,rad$（$=180°$）までの三角比の値しか求めていないので、$\pi\,rad$ より大きい角の三角比の値がわからない。そこで、$\pi\,rad$ より大きい角に対する三角比の値を定義したい。その準備のために、ここでは、$\pi\,rad$ より大きい角や負の値をとる角について考えていこう（rad は省略されることが多いので、以下では単に「π」などと表記する）。

座標平面上に、原点Oを端点とする半直線OPを考える。この半直線OPは、原点Oの周りをぐるぐる回るので動径という。この動径OPが、x軸の正の部分と重なった位置から、反時計回りに回転すると $\angle xOP=\theta$ は次第に大きくなる。動径OPがy軸の正の部分に重なると $\theta=\frac{1}{2}\pi$（$=90°$）である。動径OPがx軸の負の部分に重なると $\theta=\pi$（$=180°$）、動径OPが1周回って、再びx軸の正の部分に重なると $\theta=2\pi$（$=360°$）、さらに回転して、2度目のy軸の正の部分に重なると $\theta=\frac{5}{2}\pi$（$=450°$）という具合にいくらでも大きい角を考えることができる。逆に、時計回りに動径OPが回転して、y軸の負の部分に重なると $\theta=-\frac{1}{2}\pi$ とし、x軸の負の部分に重なると $\theta=-\pi$ とする。このように回転方向で負の値も考え、反時計回りの回転を正、時計回りの回転を負とする。

たとえば、動径OPが、$\angle xOP=\frac{1}{3}\pi$（$=60°$）の位置にあるとき、動径OPは、$\frac{1}{3}\pi$ だけ動いたのか、$\frac{1}{3}\pi+2\pi$ 動いたのか、あるいは $\frac{1}{3}\pi+2\times2\pi$ 動いたのかわからない。そこで、この動径の位置を表す角を $\frac{1}{3}\pi+2n\pi$（nは整数）と書いて、一般角という。

角の大きさの範囲

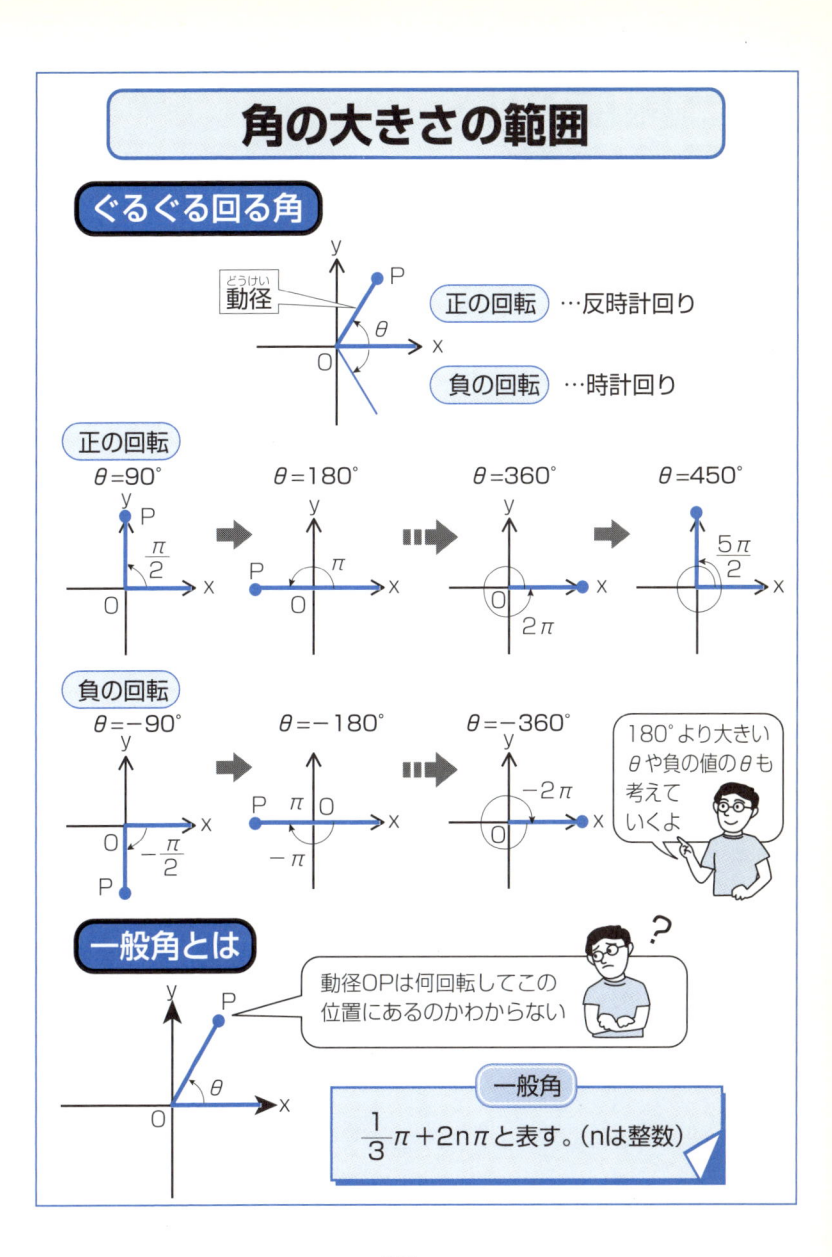

ぐるぐる回る角

動径

正の回転 … 反時計回り

負の回転 … 時計回り

正の回転

$\theta = 90°$ → $\dfrac{\pi}{2}$

$\theta = 180°$ → π

$\theta = 360°$ → 2π

$\theta = 450°$ → $\dfrac{5\pi}{2}$

負の回転

$\theta = -90°$ → $-\dfrac{\pi}{2}$

$\theta = -180°$ → $-\pi$

$\theta = -360°$ → -2π

180°より大きいθや負の値のθも考えていくよ

一般角とは

動径OPは何回転してこの位置にあるのかわからない

一般角

$\dfrac{1}{3}\pi + 2n\pi$ と表す。(nは整数)

三角比から三角関数へ

〜三角関数の定義〜

三角比の定義は、直角三角形ABCにおいて、∠BAC$=\theta$としたとき $sin\theta = \dfrac{BC}{AB}$ で定義した。しかし、この定義ではθが$\dfrac{1}{2}\pi$より大きくなると都合が悪い。そこで、座標平面上で、原点を中心とする半径rの円を考え、その円周上の点Pの座標(a, b)を用いて、前項のような広範囲の値θに対して三角関数を定義する。

半径rの円周上の点P(a,b)が、x軸の正の方向から角θだけ回転した位置にあるとする。つまり、∠xOP$=\theta$であるとき、

$$sin\theta = \dfrac{b}{r} 、 \quad cos\theta = \dfrac{a}{r} 、 \quad tan\theta = \dfrac{b}{a}$$

と定義する。このとき、$y = sin\theta$、$y = cos\theta$、$y = tan\theta$ を三角関数という。rは円の半径なので常に正の値、a、bは点の座標なので、正と負両方の値をとる。

たとえば、$\theta = \dfrac{4}{3}\pi$のときの各値を求めてみよう。動径の位置は、x軸の負の部分から$\dfrac{4}{3}\pi - \pi = \dfrac{1}{3}\pi$動いた第3象限にある。点Pからx軸に垂線を引き、その交点をQとすると、直角三角形POQにおいて、∠POQ$= \dfrac{1}{3}\pi$だからOQ:OP:PQ$= 1 : 2 : \sqrt{3}$である。そこで、r$=2$とすれば、点Pの座標は$(-1, -\sqrt{3})$となる。したがって、$sin\dfrac{4\pi}{3} = \dfrac{-\sqrt{3}}{2} = -\dfrac{\sqrt{3}}{2}$、$cos\dfrac{4\pi}{3} = \dfrac{-1}{2} = -\dfrac{1}{2}$、$tan\dfrac{4\pi}{3} = \dfrac{-\sqrt{3}}{-1} = \sqrt{3}$というように、$\theta$に対する値が1つだけ求められるので、関数になっている。

座標平面上での「三角比」

三角関数の考え方

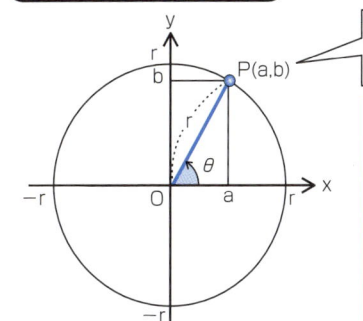

中心が原点O、半径rの円周上の点

∠xOP=θ に対して、

$\sin\theta = \dfrac{b}{r}$

$\cos\theta = \dfrac{a}{r}$

$\tan\theta = \dfrac{b}{a}$

(例　$\theta = \dfrac{4\pi}{3}$ の三角関数)

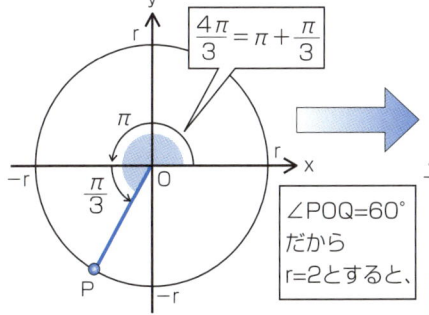

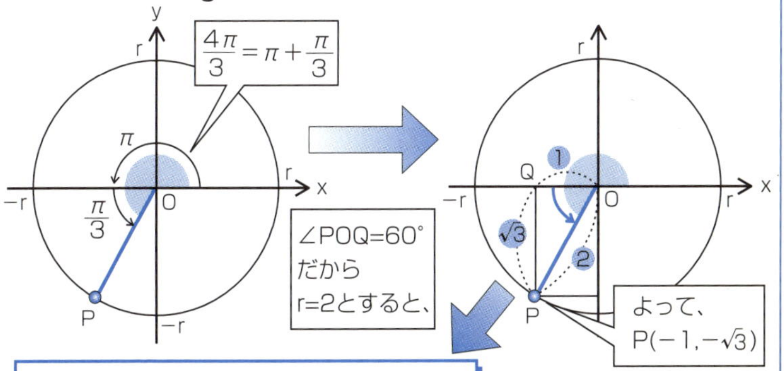

$\dfrac{4\pi}{3} = \pi + \dfrac{\pi}{3}$

∠POQ=60°だから r=2とすると、

よって、P($-1, -\sqrt{3}$)

上の定義に当てはめて計算すると

$\sin\dfrac{4\pi}{3} = \dfrac{-\sqrt{3}}{2} = -\dfrac{\sqrt{3}}{2}$

$\cos\dfrac{4\pi}{3} = \dfrac{-1}{2} = -\dfrac{1}{2}$

$\tan\dfrac{4\pi}{3} = \dfrac{-\sqrt{3}}{-1} = \sqrt{3}$

三角関数の値を求めよう

～三角比の表の利用～

ここでは、前項で定義した三角関数（さんかくかんすう）の値の求め方を考えよう。三角比の表を利用するので、角を度数で表して値を求めよう。

たとえば、$\theta = \frac{11}{9}\pi = 220°$ の三角関数の値を求めてみよう。

220°は90°より大きいので、220°－180°＝40°より、90°より小さい角40°を考える（三角比の表の角は90°より小さいので）。右ページの図の2つの直角三角形OPQと直角三角形ORSにおいて、PQ＝RS、OQ＝OS、OP＝ORが成り立つ。そこで、点Rの座標を(a, b)とすれば、点Pの座標は(－a, －b)である。

したがって、三角関数の定義から、$sin\,40° = \frac{b}{r}$、$sin\,220° = \frac{-b}{r}$ となり、$sin\,220° = -sin\,40°$ が成り立つ。三角比の表から、$sin\,40° = 0.6428$ であるから、$sin\,220° = -0.6428$ となる。

cos、tan についても同じように、三角比の表を利用して、

$cos\,220° = -cos\,40° = -0.7660$、$tan\,220° = tan\,40° = 0.8391$

となり、$\theta = 220°$ に対する三角関数の値を求めることができる。

また、この値の求め方から

$sin(180° + 40°) = -sin\,40°$、$cos(180° + 40°) = -cos\,40°$
$tan(180° + 40°) = tan\,40°$

が成り立つことがわかる。そこで、同じ考え方から、一般に

$sin(180° + \theta) = -sin\,\theta$、　$cos(180° + \theta) = -cos\,\theta$
$tan(180° + \theta) = tan\,\theta$

が成り立つ。次の項で、このような三角関数の性質を調べよう。

180°というさかい目

三角関数の値の求め方

（例、$\theta = \dfrac{11\pi}{9} = 220°$ の三角関数）

① $\theta = 180° + 40°$ を考える

① △OPQと合同な△ORS を考える

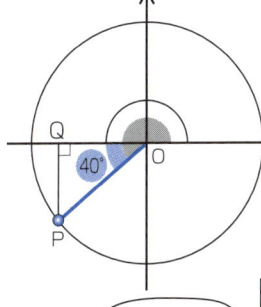

40°の三角関数を求めるには？

$sin\ 220° = \dfrac{-b}{r}$
$cos\ 220° = \dfrac{-a}{r}$
$tan\ 220° = \dfrac{b}{a}$

$sin\ 40° = \dfrac{b}{r}$
$cos\ 40° = \dfrac{a}{r}$
$tan\ 40° = \dfrac{b}{a}$

θが180°より大きいときはθから180°を引いた角で考えていこう！

$sin\ 220° = -sin\ 40°$
$cos\ 220° = -cos\ 40°$
$tan\ 220° = tan\ 40°$

なるほど、こういう関係があったのか

$sin\ (180° + \theta) = -sin\ \theta$
$cos\ (180° + \theta) = -cos\ \theta$
$tan\ (180° + \theta) = tan\ \theta$

sinの値は0°から90°の値で決まる

~sin、cos、tanの性質~

前項で $sin(180°+θ)=-sinθ$ が成り立つことがわかった。これを弧度法で表すと、$180°=π$ であるから、$sin(π+θ)=-sinθ$ である。三角関数では、これと同じような式がいろいろと成り立つ。すでに、(48、52ページ)で見てきたように、$90°=\frac{1}{2}π$、$180°=π$ であることより、

(1) $\begin{cases} sin(\frac{1}{2}π-θ)=cosθ、\\ cos(\frac{1}{2}π-θ)=sinθ、\\ tan(\frac{1}{2}π-θ)=1/tanθ、\end{cases}$ (2) $\begin{cases} sin(π-θ)=sinθ \\ cos(π-θ)=-cosθ \\ tan(π-θ)=-tanθ \end{cases}$

が成り立つ。さらに、座標平面上でぐるぐる回る角の性質を考えると、次の式が成り立つ(各場合については右ページ参照)。

(3) $\begin{cases} sin(θ+2nπ)=sinθ \\ cos(θ+2nπ)=cosθ \\ tan(θ+2nπ)=tanθ \end{cases}$ (4) $\begin{cases} sin(-θ)=-sinθ \\ cos(-θ)=cosθ \\ tan(-θ)=-tanθ \end{cases}$

(5) $\begin{cases} sin(π+θ)=-sinθ \\ cos(π+θ)=-cosθ \\ tan(π+θ)=tanθ \end{cases}$ (6) $\begin{cases} sin(\frac{1}{2}π+θ)=cosθ \\ cos(\frac{1}{2}π+θ)=-sinθ \\ tan(\frac{1}{2}π+θ)=-1/tanθ \end{cases}$

これらの式を使うと、$θ=\frac{29}{6}π$ ($=870°$) の場合は、

$$sin\frac{29}{6}π=sin(\frac{5}{6}π+\frac{24}{6}π)=sin(\frac{5}{6}π+4π)$$
$$=sin\frac{5}{6}π=sin(π-\frac{1}{6}π)=sin\frac{1}{6}π$$

となる。このように、$\frac{1}{2}π$ より大きい角のsinの値は、どんなに大きくても、$\frac{1}{2}π$ より小さい角のsinの値に等しくなることがわかる。つまり、sinの値は、0から $\frac{1}{2}π$ までの値がわかっていれば、動径の回転を思い浮かべて、どんな角の大きさでも求められる。

円周上の位置と三角関数の値

（番号は、左ページの関係式と対応）

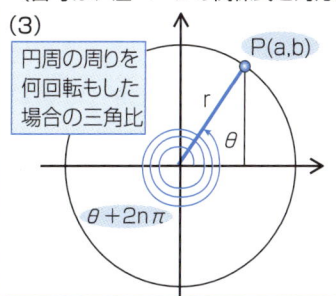

(3) 円周の周りを何回転もした場合の三角比

$sin(\theta+2n\pi) = \dfrac{b}{r} = sin\theta$

$cos(\theta+2n\pi) = \dfrac{a}{r} = cos\theta$

$tan(\theta+2n\pi) = \dfrac{b}{a} = tan\theta$

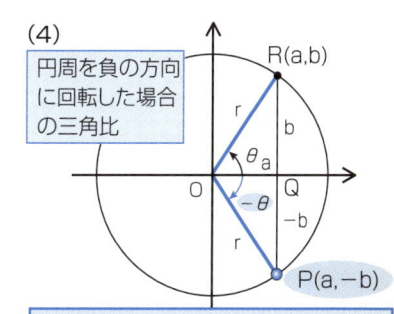

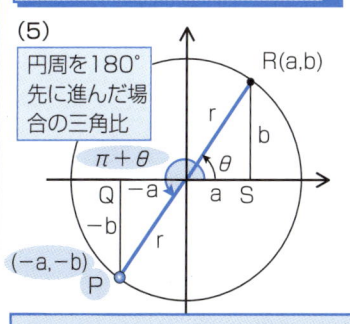

(4) 円周を負の方向に回転した場合の三角比

$sin(-\theta) = \dfrac{-b}{r} = -\dfrac{b}{r} = -sin\theta$

$cos(-\theta) = \dfrac{a}{r} = cos\theta$

$tan(-\theta) = \dfrac{-b}{a} = -\dfrac{b}{a} = -tan\theta$

(5) 円周を180°先に進んだ場合の三角比

$sin(\pi+\theta) = \dfrac{-b}{r} = -\dfrac{b}{r} = -sin\theta$

$cos(\pi+\theta) = \dfrac{-a}{r} = -\dfrac{a}{r} = -cos\theta$

$tan(\pi+\theta) = \dfrac{-b}{-a} = \dfrac{b}{a} = tan\theta$

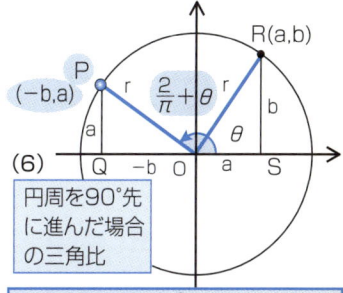

(6) 円周を90°先に進んだ場合の三角比

$sin(\dfrac{\pi}{2}+\theta) = \dfrac{a}{r} = cos\theta$

$cos(\dfrac{\pi}{2}+\theta) = \dfrac{-b}{r} - \dfrac{b}{r} = -sin\theta$

$tan(\dfrac{\pi}{2}+\theta) = \dfrac{a}{-b} = -\dfrac{a}{b}$

$= -\dfrac{1}{\dfrac{b}{a}} = -\dfrac{1}{tan\theta}$

正弦曲線
(サインカーブ)

~sin のグラフ~

　前項で見てきたことは、sin は 0 から $\frac{1}{2}\pi$ までの値がくり返し現れることを意味する。このことは、関数 y＝sin x のグラフを描くと、さらにはっきりとわかる。x＝θ のとき y＝sinθ だから、y＝sin x のグラフは、点（θ, sinθ）を座標平面上にとればよい。ところが、sinθ の値を求めて点（θ, sinθ）をとるのは面倒なので、半径1の円（これを単位円という）を利用するとわかりやすい。

　まず、原点を中心とする単位円を考える。単位円上の点をP(a, b)とし、∠xOP＝θ とすると、半径が1だから sinθ＝b、cosθ＝a となる。したがって、単位円上の点Pの座標は（cosθ, sinθ）と表すことになる。単位円を利用する理由はここにある。つまり、点Pから x 軸に下ろした垂線PQの長さが sinθ の値になる。そして、y＝sin x のグラフを描く座標平面の横に、単位円を、x 軸どうしが並ぶように置く。角 θ だけ回転した単位円上の点Pから、x 軸に平行な線をのばし、となりの座標平面の x 軸に垂直な直線 x＝θ との交点をP′とすれば、点P′の座標は（θ, sinθ）となる。

　そこで、点Pを単位円の x 軸の位置から回転させると、0≦θ＜$\frac{1}{2}\pi$ の範囲ではPQ＝sinθ は増加し、点P′も増加する曲線を描く。θ＝$\frac{1}{2}\pi$ ではPQ＝1 となり、点P′の y 座標は1になる。$\frac{1}{2}\pi$＜θ＜$\frac{3}{2}\pi$ では、PQ＝sinθ は減少するので、点P′も減少する曲線を描き、π を過ぎると sinθ は負となる。$\frac{3}{2}\pi$≦θ＜2π では、sinθ は増加して、θ＝2π で、点Pは最初の位置に戻る。さらに、点Pが回転すると、点P′は同じ曲線を繰り返し描く。

　これが y＝sin x のグラフで正弦曲線（サインカーブ）という。

sin の波

単位円と三角関数のグラフ

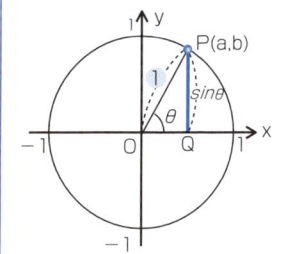

①原点を中心とする単位円を考える。

$$sin\theta = \frac{b}{1} = b,\ cos\theta = \frac{a}{1} = a$$

⇩

P($cos\theta$, $sin\theta$)
PQ= $sin\theta$

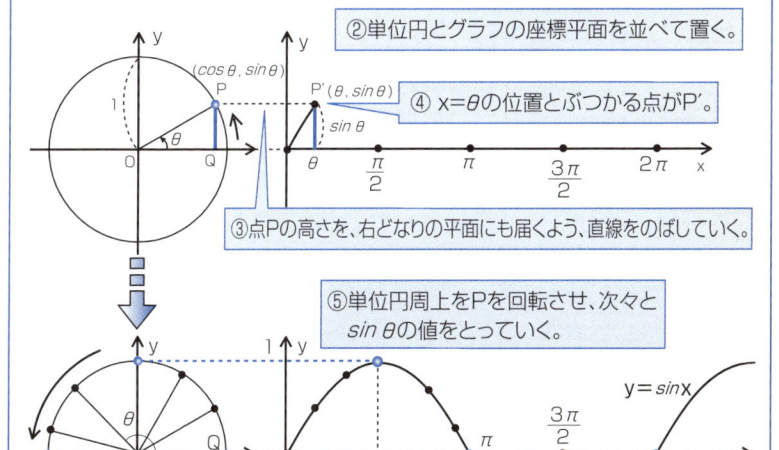

②単位円とグラフの座標平面を並べて置く。

④ x=θの位置とぶつかる点がP'。

③点Pの高さを、右どなりの平面にも届くよう、直線をのばしていく。

⑤単位円周上をPを回転させ、次々と$sin\theta$の値をとっていく。

y= sinxのグラフは、同じ高さの山と谷がくり返し続く波のような形を描く。

正弦曲線が90°ずれた曲線

～cos のグラフ～

　前項で y ＝ sin x のグラフを考えたので、次に y ＝ cos x のグラフを考えよう。関数 y ＝ cos x は、x ＝ θ のとき y ＝ cos θ だから、y ＝ cos x のグラフは点（θ, cosθ）を座標平面上にとればよい。sin の場合と同じように単位円（半径1の円）で考える。

　前項で見たように、単位円上の点Pの座標は（cosθ, sinθ）であるから、点Pから y 軸に下ろした垂線PRの長さが cosθ の値になる。単位円の座標を90°反時計回りに回転させ、これを y ＝ cos x のグラフを描く座標平面の横に置く。つまり、単位円の x 軸とグラフの y 軸が平行になり、単位円の y 軸とグラフの x 軸が並ぶようにする。ここで、角θだけ回転した単位円上の点Pから、となりのグラフの x 軸に平行な直線と、x 軸に垂直な直線 x ＝ θ との交点をP'とすれば、点P'の座標は（θ, cosθ）となる。

　そこで、点Pを単位円の x 軸の位置から回転させると、0 ≦ θ ＜ $\frac{1}{2}\pi$ の範囲ではPR＝cosθ は減少し、点P'も減少する曲線を描く。θ ＝ $\frac{1}{2}\pi$ ではPR＝0となり、点P'の y 座標は0になる。$\frac{1}{2}\pi$ ＜ θ ＜ π では、PRは負の値になりPR＝cosθ はさらに減少するので、点P'も減少する曲線を描く。π ≦ θ ＜ $\frac{3}{2}\pi$ では、PR＝cosθ は増加に変わり、$\frac{3}{2}\pi$ ≦ θ ＜ 2π では、PR＝cosθ はさらに増加し、θ ＝ 2π で、点Pは最初の位置に戻る。

　こうして描かれた曲線が余弦曲線（コサインカーブ）である。サインカーブと比較すると、サインカーブが $\frac{1}{2}\pi$ だけ x 軸の負の方向へ平行移動したものがコサインカーブであることがわかる。

cosの波

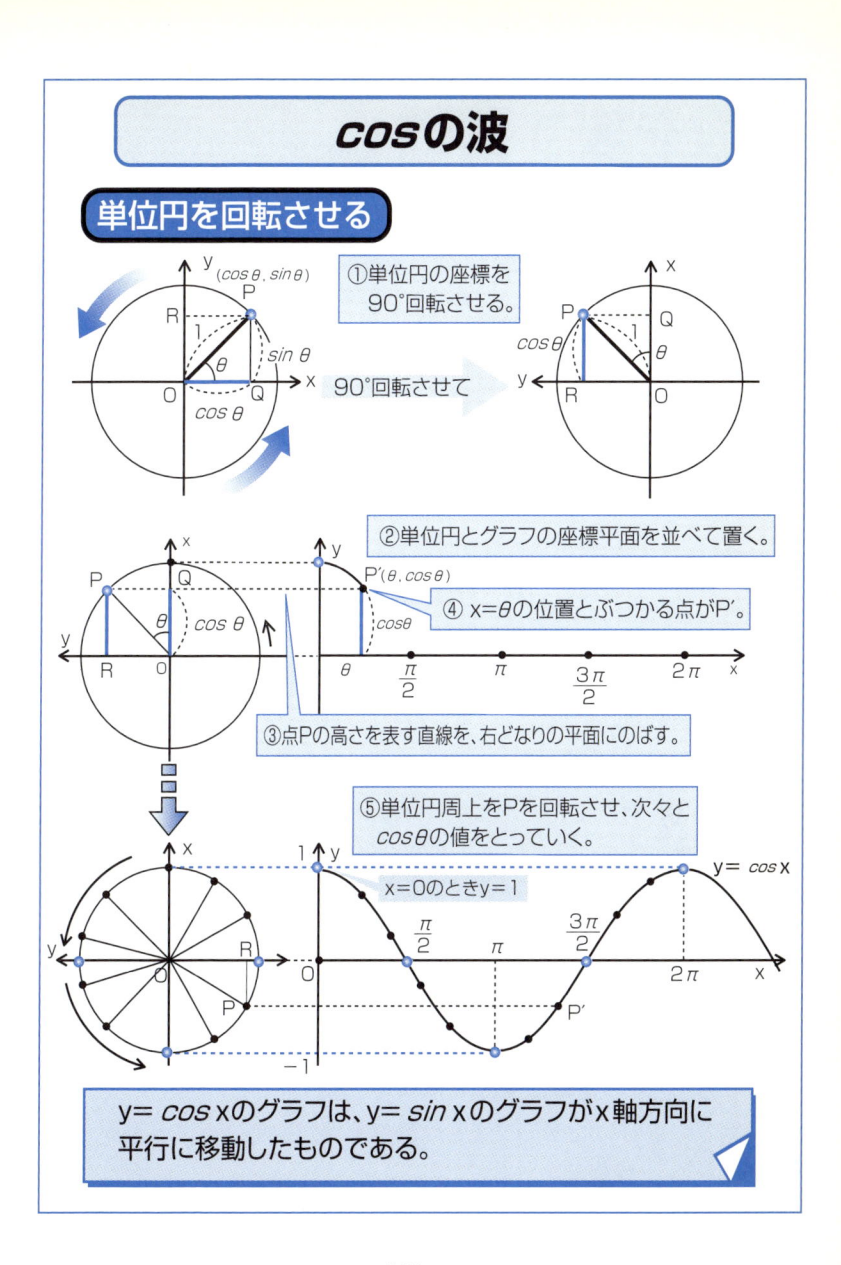

単位円を回転させる

①単位円の座標を90°回転させる。

90°回転させて

②単位円とグラフの座標平面を並べて置く。

④ x=θの位置とぶつかる点がP′。

③点Pの高さを表す直線を、右どなりの平面にのばす。

⑤単位円周上をPを回転させ、次々とcosθの値をとっていく。

x=0のとき y=1

y=cos x

y=cos xのグラフは、y=sin xのグラフがx軸方向に平行に移動したものである。

波を表す関数

～関数 sin、cos の性質～

前の2項で、sin、cos のグラフを見てきた。これらのグラフは、単位円(半径1の円)上の点Pが円上を回ると、それに伴って点P′が描く波の形の曲線であることがわかった。このグラフは、0から2πまでの区間に見られる、山と谷の形の曲線がくり返し現れている。このように、同じ形がくり返し現れるグラフをもつ関数を周期関数という。そして、その同じ形の幅を周期という。sin、cos は、ともに周期2πの周期関数である。

一方yの値は、-1から1までの範囲を行ったり来たりしている。この上下の変動は、0を中心として上下1の大きさで振動しているので、0から1までの幅を振幅という。つまり、sin、cos はともに振幅1である。

次に、sin のグラフを見ると、原点Oを中心として、y軸の右側の部分を180°回転させるとy軸の左側の部分にぴったりと重なることがわかる。このように、ある点Aを中心に180°回転させると左右が重なる図形を、点Aを中心とする点対称な図形という。そして、原点Oを中心として点対称なグラフをもつ関数を奇関数という。すなわち、y = sin x は奇関数である。

また、cos のグラフを見ると、y軸でグラフを折り曲げると左右が重なる。このように、ある直線lに関して折り曲げると左右が重なる図形を、直線lに関して線対称な図形という。そして、y軸に関して線対称なグラフをもつ関数を偶関数という。したがって、y = cos x は偶関数である。

波のグラフの特徴

周期と振幅

y= sin xのグラフ

周期:2π
振幅:1

y= cos xのグラフ

周期:2π
振幅:1

偶関数と奇関数

y= sin xのグラフ

グラフが原点に関して点対称
=
奇関数

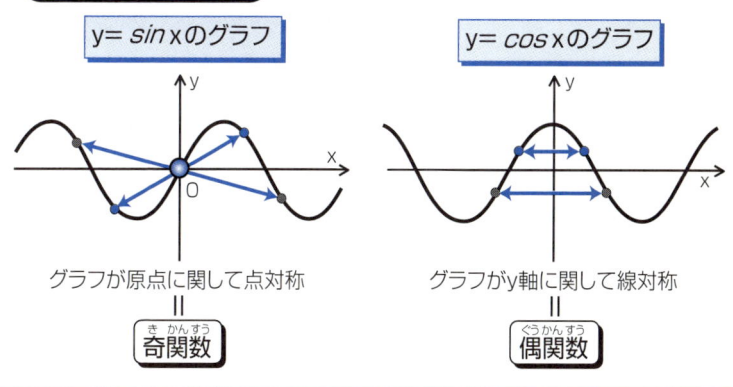

y= cos xのグラフ

グラフがy軸に関して線対称
=
偶関数

波を伸ばしたり縮めたり

～振幅、周期を変える～

　前項で、y＝sin x 、y＝cos x は振幅1で周期2πの周期関数であることを見てきた。これらの振幅と周期は、次のように変えることができる。

　まず、振幅を考えてみよう。y＝2 sin x を考えてみる。振幅は、yの値の変化の度合いである。y＝2 sin x の右辺は、sin x の値が2倍になっているので、単位円ではなく、半径2の円上を点Pが動くときに点P'が描く曲線になる。つまり、振幅が2の関数である。

　一般に、a＞0のとき、y＝a sin x は、振幅aの関数である。

　次に、周期を変えるにはどうするか。y＝sin 2x のグラフを考えてみる。周期とは、いわば動径の回転する速さのことである。角2xで動く点Pは、角xで動く点Qの速さの2倍である。したがって、点Qが半周動く間に、点Pは1周回ってしまう。つまり、x＝πとき、点Pは元の位置に戻るので、y＝sin 2x は周期πの周期関数である。

　逆に、y＝sin $\frac{1}{2}$ x のグラフではどうだろうか。角 $\frac{1}{2}$ x で動く点Pは、角 x で動く点Qの速さの $\frac{1}{2}$ であることを意味する。したがって、Qが2周動いて、点Pは1周回ることになる。つまり、x＝4πのとき、点Pは元の位置に戻るので、y＝sin $\frac{1}{2}$ x は周期4πの周期関数である。

　これらのことをまとめて1つの式で表すと、y＝a sin kx となる。つまりこの式は、振幅aの周期 $\frac{1}{k}$ ×2πの周期関数であることがわかる。

上下・左右の伸び縮み

振幅を変える

振幅：yの値の変化の度合い → $y = 2\sin x$

半径2の円

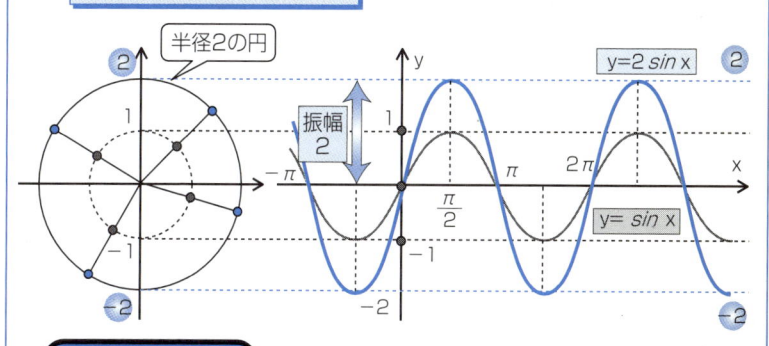

振幅 2

$y = 2\sin x$
$y = \sin x$

周期を変える

周期：動径の回転する速さ → $y = \sin 2x$

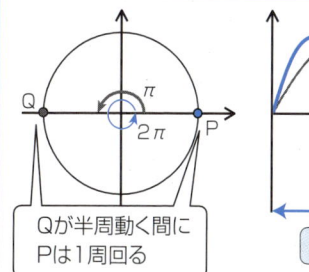

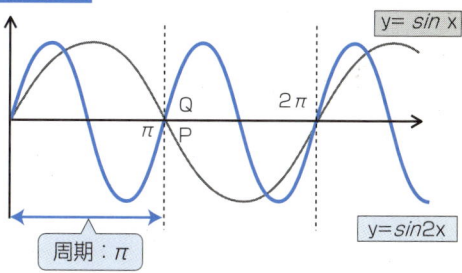

Qが半周動く間にPは1周回る

周期：π

$y = \sin x$
$y = \sin 2x$

（$y = \sin \dfrac{x}{2}$ のときは、周期 4π となり、左右に伸びた形を描く）

関係式のまとめ

$$y = a\, \sin k\, x$$

振幅aを表す　　　　周期 $\dfrac{2\pi}{k}$ を表す

波をずらす

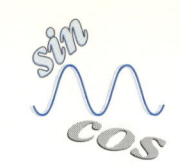

〜グラフの平行移動〜

　前項では、波の幅を広げたり、周期を短くしたりすることを考えた。ここでは、座標平面上で波の位置を左右にずらすことについて考えてみよう。

　x軸方向へ平行にずらすことになるので、元の $y = sin\, x$ の変数部分 x を変化させる。そこで、$y = sin\left(x + \frac{1}{3}\pi\right)$ のグラフを見てみよう。ここでも、単位円周上にある2点PとQとで考える。$x = 0$ のとき、Qはx軸上にあり、Pは、円周上を少し進んだ $0 + \frac{1}{3}\pi = \frac{1}{3}\pi$ の位置にある。xが増えると、Qは反時計回りに回り出すが、Pは常にQより $\frac{1}{3}\pi$ だけ前を進んでいる。したがって、この2点がつくる曲線を見ると、$y = sin\left(x + \frac{1}{3}\pi\right)$ のグラフは、$y = sin\, x$ のグラフをx軸方向へ $-\frac{1}{3}\pi$ だけずらした曲線になっていることがわかる。

　次に、$y = sin\left(x - \frac{1}{3}\pi\right)$ という関数のグラフはどうなるか見てみよう。$x = 0$ のとき、Qはx軸上にあり、Pは、円周上を少し後退した $0 - \frac{1}{3}\pi = -\frac{1}{3}\pi$ の位置にある。xが増えていくと、Qは反時計回りに回り出すが、Pは常にQより $\frac{1}{3}\pi$ だけ遅れて回転している。したがって、この2点がつくる曲線を見ると、$y = sin\left(x - \frac{1}{3}\pi\right)$ のグラフは、$y = sin\, x$ のグラフをx軸方向へ $\frac{1}{3}\pi$ だけずらした曲線になっていることがわかる。

　これらのことから、一般に、$y = sin(x - \alpha)$ のグラフは、$y = sin\, x$ のグラフをx軸方向へ α だけずらしたものであることがわかる。

左右のずれ

$y = \sin(x + \frac{1}{3}\pi)$ のグラフ

（x=0のとき）　　　　　　　　（xが増えると）

Pは常にQより $\frac{\pi}{3}$ だけ前を進む

$y = \sin x$ のグラフを x軸方向に $-\frac{\pi}{3}$ だけずらしたもの

$y = \sin(x - \frac{1}{3}\pi)$ のグラフ

$y = \sin x$ のグラフを x軸方向に $\frac{\pi}{3}$ だけずらしたもの

まとめ

$y = \sin(x - \alpha)$ のグラフ
→ $y = \sin x$ のグラフを、x軸方向へαだけ平行行動したグラフ

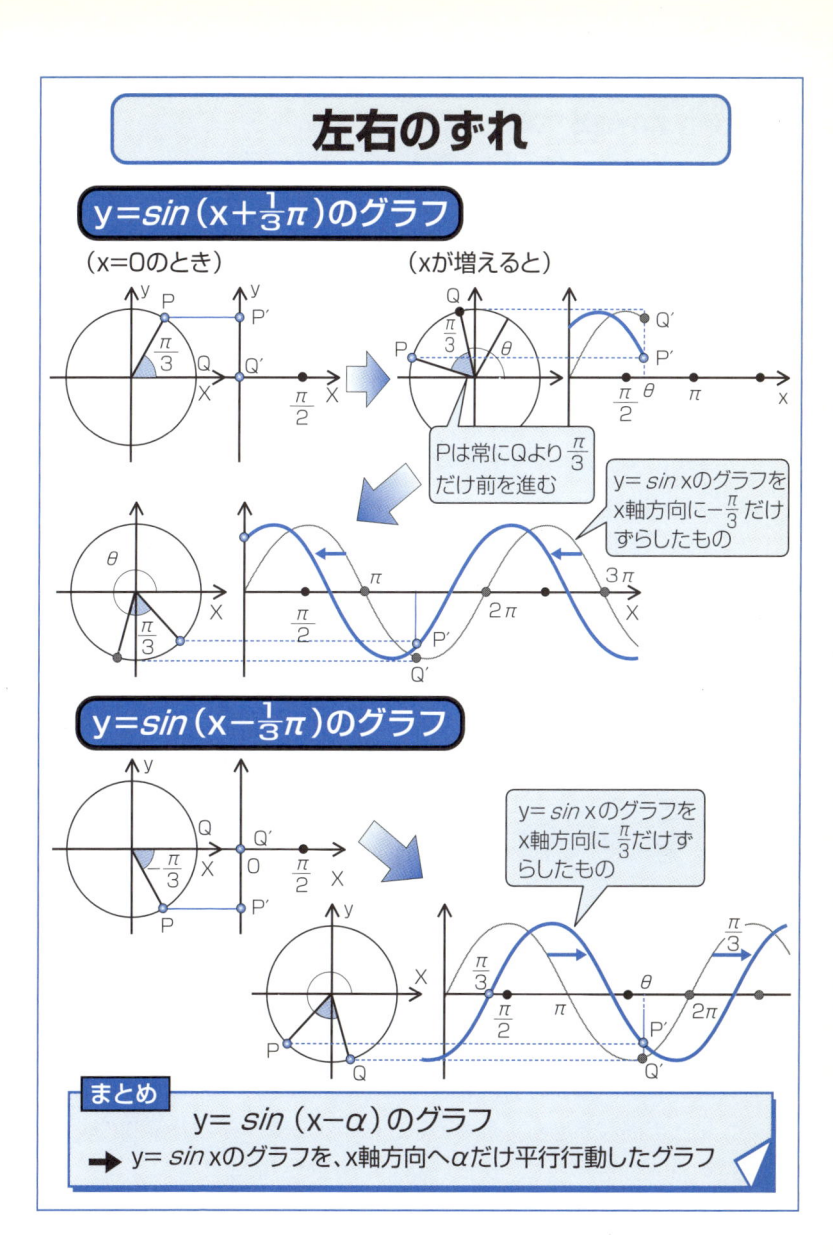

不思議な tan のグラフ

～tan のグラフ～

　sin、cos のグラフに続いて、tan のグラフについて考えてみよう。y＝tan x のグラフは点（θ, tanθ）を座標平面上にとればよい。ここでも、単位円（半径1の円）で考えるが、sin、cos の場合とは少し異なる。

　単位円上の点Q(a, b) に対して、tan の定義は、$\tan\theta = \frac{b}{a}$ である。単位円上の点X(1, 0) で単位円に接する直線 l を引く。点Qからx軸に下ろした垂線をQRとし、直線OQと l の交点をPとすると、相似な三角形ができる（△OQR∽△OPX）。そこで、点Pの座標を(1, c) とすると、$\tan\theta = \frac{b}{a} = \frac{c}{1} = c$ であるから、線分PXの長さが tanθ になる。

　次に、y＝tan x のグラフを描く座標平面の横に、単位円を、x軸どうしが並ぶように置く。点Qが角 θ だけ回転したときの直線 l 上の点Pから x 軸に平行に直線をのばし、となりの座標平面のx軸に垂直な直線 x＝θ との交点をP′とすれば、点P′の座標は（θ, tanθ）となる。

　さて、点QをXの位置から回転させる。$0 \leq \theta < \frac{1}{2}\pi$ の範囲ではPX＝tanθ は増加し、点P′も増加する曲線を描く。$\theta = \frac{1}{2}\pi$ ではOQ∥l となり、交点Pが存在しないので、tan の値はない。$\frac{1}{2}\pi < \theta < \pi$ では、点Pのy座標は負になるので、PX＝tanθ は負の方から増加し、点P′も負の方向から増加する曲線を描く。$\theta = \pi$ では、Qはまだ半周しか回っていないが、PX＝0 となり、Pは最初の位置Xに戻る。したがって、tan は周期 π の関数である。

　次項でこのような tan のグラフの特徴について述べよう。

上下にのびる *tan* のグラフ

y=*tan*xのグラフ

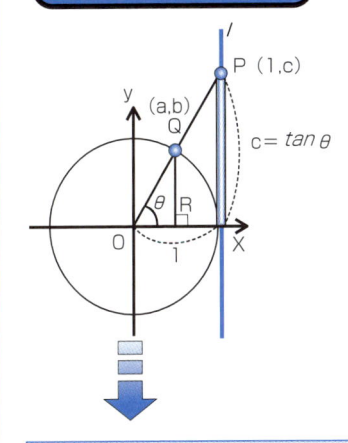

①単位円の接線 *l* を引く。

P(1,c)：*l* 上にある、OQとの交点
Q(a,b)：単位円周上を動く点
R(a,0)：Qからx軸に垂線を下ろしたときのx軸との交点

⬇

△OQR∽△OPX

⬇

$$\tan\theta = \frac{c}{1} = c$$

②単位円とグラフの座標平面を並べて置き、Qを回転させる。

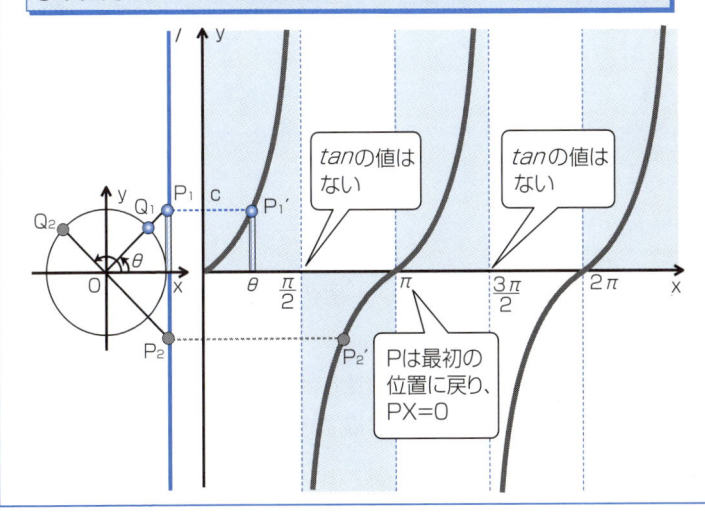

*tan*の値はない

*tan*の値はない

Pは最初の位置に戻り、PX=0

不連続な tan のグラフ

～関数 tan の性質～

sin、cos は振幅1、周期 2π の周期関数で、そのグラフはきれいな波形をしていた。それに対して、tan のグラフは全く違う形をしている。

y ＝ tan x のグラフで、まず目につくのは、y方向へ無限に延びていることである。つまり、yの値は、すべての実数値がとれることを示している。

そして、x ＝ $\frac{1}{2}\pi$、x ＝ $\frac{3}{2}\pi$、…というx軸に垂直な直線とy ＝ tan x のグラフは交わらない。交わらないが、θ が $\frac{1}{2}\pi$ に近づいていくと、曲線上の点P'は、x軸から遠ざかりながら直線x ＝ $\frac{1}{2}\pi$ にどんどん近づいていく。一般に、曲線上の点が原点から遠くへ行くにしたがって、一定の直線に限りなく近づくとき、その直線を漸近線という。y ＝ tan x の場合は、x ＝ $\frac{1}{2}\pi$、$\frac{3}{2}\pi$ などの直線、つまり、一般に直線 x ＝ $\frac{1}{2}\pi$ ＋ nπ（nは整数）が漸近線である。

また、グラフを見て、x ＝ －$\frac{1}{2}\pi$ から x ＝ $\frac{1}{2}\pi$ までの形がくり返し現れていることがわかる。つまり、y ＝ tan x は周期 π の周期関数である。さらに、y ＝ tan x のグラフは、原点Oに関して点対称になっているので、y ＝ tan x は奇関数である。

以上のことより、y ＝ tan x のグラフの特徴は、次のようにまとめることができる。

1. y ＝ tan x はすべての実数値をとる。
2. y ＝ tan x のグラフは、直線 x ＝ $\frac{1}{2}\pi$ ＋ nπ を漸近線にもつ。
3. y ＝ tan x は周期 π の周期関数である。
4. y ＝ tan x は奇関数である。

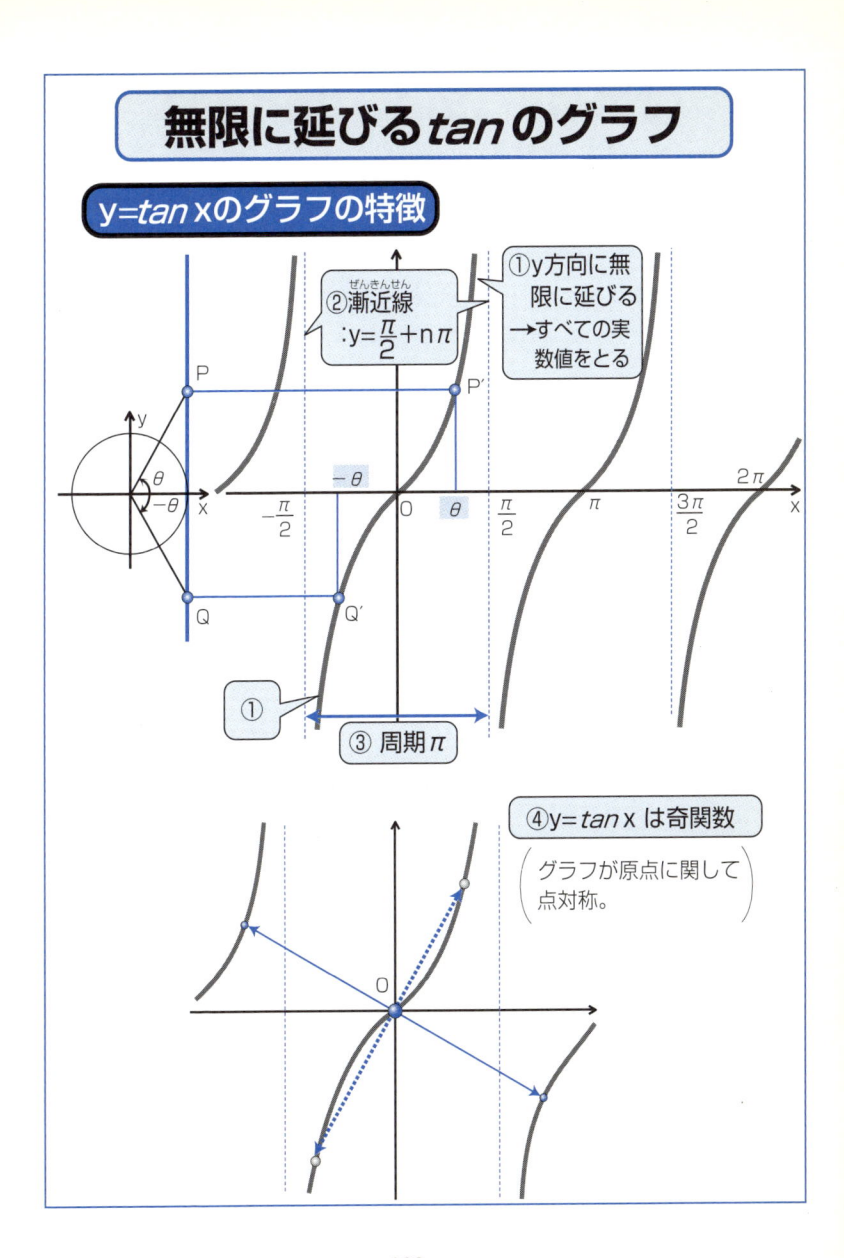

無限に延びる *tan* のグラフ

y=*tan* x のグラフの特徴

① y方向に無限に延びる
→すべての実数値をとる

② 漸近線：$y=\frac{\pi}{2}+n\pi$

③ 周期 π

④ y=*tan* x は奇関数

(グラフが原点に関して点対称。)

再び sin、cos、tan の三角関係

〜sin、cos、tan の相互関係　その2〜

　三角関数 y＝sin x、y＝cos x、y＝tan x を定義し、そのグラフを見てきた。しかし、三角関数はひとつひとつが独立にあるのではなく、互いに密接な関係がある。ここでは、三角比のときにも成り立っていた相互関係（46ページ）は、三角関数でも成り立つことを見よう。

　まず、原点を中心とする半径1の円（単位円）を考える。単位円上の点をP (a, b) とし、∠xOP＝θ とすると、半径OPが1だから $sin\theta$＝b、$cos\theta$＝a となる。したがって、単位円上の点Pの座標は ($cos\theta$, $sin\theta$) となる。

　そこで、ピタゴラスの定理から $(cos\theta)^2 + (sin\theta)^2 = 1$ となり、$sin^2\theta + cos^2\theta = 1$ が成り立つ。

　また、tan の定義より $tan\theta = \dfrac{b}{a} = \dfrac{sin\theta}{cos\theta}$

つまり、$tan\theta = \dfrac{sin\theta}{cos\theta}$ が成り立つ。

　この2つの式は非常に重要な式である。というのも、この2つの式から、sin、cos、tan の1つの値がわかると、他の2つの値もわかるからだ。たとえば、θ が第2象限の角（右図、94ページ）で $cos\theta = -\dfrac{3}{5}$ のとき、$sin\theta$ と $tan\theta$ の値を求めてみよう。

　まず、$sin^2\theta + cos^2\theta = 1$ に代入すると、$sin^2\theta + (-\dfrac{3}{5})^2 = 1$ より、$sin^2\theta = \dfrac{16}{25}$ である。第2象限では $sin\theta > 0$ であるから、$sin\theta = \dfrac{4}{5}$ となる。

　そして、tan は、$tan\theta = (\dfrac{4}{5}) \div (-\dfrac{3}{5}) = -\dfrac{4}{3}$ と求められる。

三角関数の深い関係

三角関数の相互関係

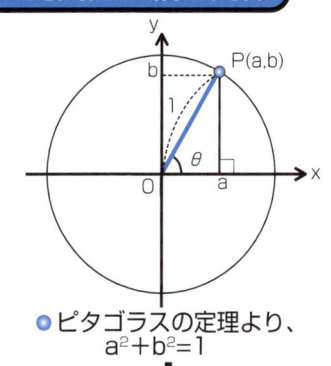

$\sin\theta = \dfrac{b}{1} = b,\ \cos\theta = \dfrac{a}{1} = a$

⇒ P($\cos\theta$, $\sin\theta$)

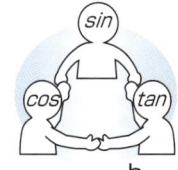

- ピタゴラスの定理より、$a^2 + b^2 = 1$

- $\tan\theta = \dfrac{b}{a}$

$$\sin^2\theta + \cos^2\theta = 1 \qquad \tan\theta = \dfrac{\sin\theta}{\cos\theta}$$

Pの位置と三角関数の値

第2象限の角θ…動径が第2象限にある角
a<0, b>0, r>0
だから、
$\sin\theta > 0$, $\cos\theta < 0$, $\tan\theta < 0$

第1象限
a>0
b>0

第3象限
a<0
b<0

第4象限
a>0
b<0

動径がどの象限にあるかによって $\sin$ などの値の符号が決まる！

2角の和の sin の値は

〜加法定理（1）〜

では話を進めて2つの角 α、β の和 $\alpha+\beta$ の sin の値 $\sin(\alpha+\beta)$ はどうなるか考えよう。単純に、$\sin(\alpha+\beta)=\sin\alpha+\sin\beta$ になってくれれば簡単であるが、この式は正しくない。正しい式は、

$\sin(\alpha+\beta) = \sin\alpha\cos\beta + \cos\alpha\sin\beta$ …①

となる。これを sin の加法定理という。非常に重要な式である。

単位円（半径1の円）上に∠xOP＝$\alpha+\beta$ となる点Pをとることから考えよう。直線OQを∠xOQ＝β となるように引き、点Pから直線OQに下ろした垂線との交点がQとなるように点Qをとる。すると、△OPQは、∠OQPを直角とする直角三角形で、∠POQ＝α である。次に、点Qを通り、x軸に垂直な直線とx軸との交点をRとし、点Pからx軸に下ろした垂線とx軸との交点をS、点Pから直線RQに引いた垂線との交点をTとする。すると、∠QOR＝β、∠PQT＝90°−∠OQR＝β、PQ＝$\sin\alpha$、OQ＝$\cos\alpha$ となる。そこで、点Pのy座標は $\sin(\alpha+\beta)$ であるから、

$\sin(\alpha+\beta)$＝PS＝TR＝RQ＋QT …㋐

となる。そして、△PQT、△QORのそれぞれの三角比から、

QT＝PQ $\cos\beta$＝$\sin\alpha\cos\beta$、RQ＝OQ $\sin\beta$＝$\cos\alpha\sin\beta$

であるから、㋐に代入して $\sin(\alpha+\beta)=\sin\alpha\cos\beta+\cos\alpha\sin\beta$ が成り立つ。これで、①が証明された。

次に、β の代わりに $-\beta$ を代入すると、$\sin(-\beta)=-\sin\beta$、$\cos(-\beta)=\cos\beta$ が成り立つから、$\sin(\alpha-\beta)=\sin\{\alpha+(-\beta)\}$＝$\sin\alpha\cos(-\beta)+\cos\alpha\sin(-\beta)=\sin\alpha\cos\beta-\cos\alpha\sin\beta$

よって、$\sin(\alpha-\beta)=\sin\alpha\cos\beta-\cos\alpha\sin\beta$…② が成り立つ。

2つの角を足したとき

加法定理の導き方

①P ②Q ③直角三角形OPQ ④R ⑤S ⑥T

⑦∠QOR=β=90°−∠OQR
だから
- ∠PQT=β

△OPQより
- PQ= $\sin \alpha$
- OQ= $\cos \alpha$

△PQTにおいて
$$\cos\beta = \frac{QT}{\sin \alpha}$$

△QORにおいて
$$\sin \beta = \frac{QR}{\cos \alpha}$$

$\sin(\alpha+\beta)$, $\sin\alpha\cos\beta$, $\cos\alpha\sin\beta$

sinの加法定理

$$\sin(\alpha+\beta) = \sin\alpha\cos\beta + \cos\alpha\sin\beta$$

2角の和の cos、tan の値は

〜加法定理（2）〜

前項で sin の加法定理（右ページの①、②）を証明した。この式を使って、cos、tan の加法定理（右ページの③〜⑥）を導くことができる。はじめに、③を導こう。

公式 $cos\theta = sin(\frac{1}{2}\pi - \theta)$（108ページ）で $\theta = \alpha + \beta$ とすると
$$cos(\alpha + \beta) = sin\{\frac{1}{2}\pi - (\alpha + \beta)\} = sin\{(\frac{1}{2}\pi - \alpha) - \beta\}$$
$$= sin(\frac{1}{2}\pi - \alpha)cos\beta - cos(\frac{1}{2}\pi - \alpha)sin\beta \ [②より]$$
$$= cos\alpha cos\beta - sin\alpha sin\beta$$

同じようにして、④も導ける。次に、これらを利用して⑤を導こう。

$$tan(\alpha + \beta) = \frac{sin(\alpha + \beta)}{cos(\alpha + \beta)} = \frac{sin\alpha cos\beta + cos\alpha sin\beta}{cos\alpha cos\beta - sin\alpha sin\beta}$$

分母分子を $cos\alpha cos\beta$ で割って、

$$tan(\alpha + \beta) = \frac{\frac{sin\alpha}{cos\alpha} + \frac{sin\beta}{cos\beta}}{1 - \frac{sin\alpha sin\beta}{cos\alpha cos\beta}} = \frac{tan\alpha + tan\beta}{1 - tan\alpha tan\beta}$$

これで、⑤が導けた。⑥も同様に導ける。

加法定理は、$sin\alpha$、$sin\beta$ の値がわかれば、$sin(\alpha + \beta)$ の値がわかることを示す、とても重要な式である。2つの角 α、β の三角関数の値をもとにして、α と β の和である様々な値 $\alpha + \beta$、$\alpha + 2\beta$、$2\alpha + 3\beta$、…などの三角関数の値が求められることを示している。これを用いて、三角比の表を作成することができる。実際にプトレマイオスは、これを利用して「弦の表」を作成した。

次項より、加法定理から導かれるいろいろな公式を紹介しよう。

使える！加法定理

三角関数の加法定理

① $\sin(\alpha+\beta) = \sin\alpha\cos\beta + \cos\alpha\sin\beta$
② $\sin(\alpha-\beta) = \sin\alpha\cos\beta - \cos\alpha\sin\beta$
③ $\cos(\alpha+\beta) = \cos\alpha\cos\beta - \sin\alpha\sin\beta$
④ $\cos(\alpha-\beta) = \cos\alpha\cos\beta + \sin\alpha\sin\beta$
⑤ $\tan(\alpha+\beta) = \dfrac{\tan\alpha + \tan\beta}{1 - \tan\alpha\tan\beta}$
⑥ $\tan(\alpha-\beta) = \dfrac{\tan\alpha - \tan\beta}{1 + \tan\alpha\tan\beta}$

①〜④を覚えておけば、⑤、⑥は導けるよね！
シンコスコスシン、コスコスシンシン……

加法定理の意義

加法定理……

αの三角関数　βの三角関数
↓
α＋βの三角関数

⇩

プトレマイオス
(28ページ)

なるほど！

α＋2β、2α＋3βなど、
α、βの倍数の和となる様々な三角関数

⇩

三角比の表

角が2倍になると

～2倍角の公式～

前の2つの項で、加法定理を証明した。この加法定理をもとにいろいろな公式が導き出せる。角を2倍にすると三角関数の値は2倍になるわけではない。まずは角を2倍にしたときの三角関数の値を求める"2倍角の公式"(右ページ参照)を導いてみよう。

加法定理 $sin(α+β)=sinα\,cosβ+cosα\,sinβ$

で $β=α$ とすれば、

$sin2α=sin(α+α)=sinα\,cosα+cosα\,sinα=2sinα\,cosα$

これで、①が導き出された。また、

加法定理 $cos(α+β)=cosα\,cosβ-sinα\,sinβ$

で $β=α$ とすれば、

$cos2α=cos(α+α)=cosα\,cosα-sinα\,sinα=cos^2α-sin^2α$

次に、$sin^2α+cos^2α=1$ より $cos^2α=1-sin^2α$ であるから

$cos2α=cos^2α-sin^2α=(1-sin^2α)-sin^2α=1-2sin^2α$

同じように、$sin^2α=1-cos^2α$ を代入して

$cos2α=cos^2α-sin^2α=cos^2α-(1-cos^2α)=2cos^2α-1$

これで、②が導き出された。

③については、加法定理 $tan(α+β)=\dfrac{tanα+tanβ}{1-tanα\,tanβ}$

で $β=α$ とすれば、

$tan2α=tan(α+α)=\dfrac{tanα+tanα}{1-tanα\,tanα}=\dfrac{2tanα}{1-tan^2α}$

となり、③が示された。

こんどは、角を半分にしたらどうなるかを次項で見てみよう。

角を2倍にするとき

2倍角の公式

① $\sin 2\alpha = 2\sin\alpha \cos\alpha$
② $\cos 2\alpha = \cos^2\alpha - \sin^2\alpha$
　　　　$= 1 - 2\sin^2\alpha = 2\cos^2\alpha - 1$
③ $\tan 2\alpha = \dfrac{2\tan\alpha}{1 - \tan^2\alpha}$

> 加法定理をもとに簡単に導けるね！

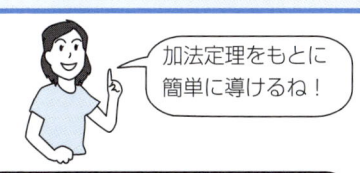

応用・$y = \sin x \cos x$ のグラフ

2倍角の公式をもとに、$y = \sin x \cos x$ のグラフを描いてみよう。

2倍角の公式①より
$$y = \sin x \cos x = \dfrac{1}{2}\sin 2x$$

振幅 $\dfrac{1}{2}$、周期 π のサインカーブ！（117ページ）

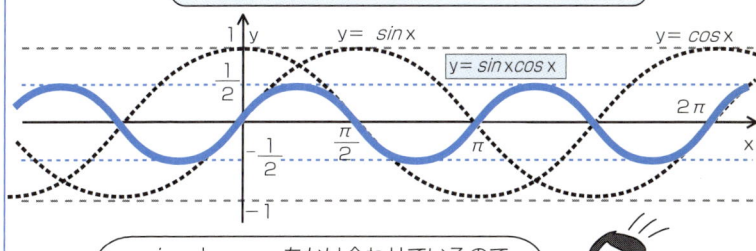

> $\sin x$ と $\cos x$ をかけ合わせているので、もっと複雑なグラフかと思ったよ！

角が半分になると

～半角の公式～

前項で角を2倍にしたときの公式を導いた。ここでは、ある角を半分にしたときの三角関数の値を求める"半角の公式"(右ページ参照)を導くことにしよう。はじめに、①を導く。

2倍角の公式より $\cos 2\beta = 1 - 2\sin^2 \beta$ …㋐

$2\beta = \alpha$ とおくと $\beta = \dfrac{\alpha}{2}$ であるので、㋐に代入して、

$\cos \alpha = 1 - 2\sin^2 \dfrac{\alpha}{2}$。 ゆえに $\sin^2 \dfrac{\alpha}{2} = \dfrac{1-\cos \alpha}{2}$

これで、①が導かれた。次に、②である。

やはり、2倍角の公式より $\cos 2\beta = 2\cos^2 \beta - 1$ …㋑

$2\beta = \alpha$ とおくと $\beta = \dfrac{\alpha}{2}$ であるので、㋑に代入して、

$\cos \alpha = 2\cos^2 \dfrac{\alpha}{2} - 1$。 ゆえに $\cos^2 \dfrac{\alpha}{2} = \dfrac{1+\cos \alpha}{2}$

③については、$\tan \theta = \dfrac{\sin \theta}{\cos \theta}$ の式を使って、

$$\tan^2 \dfrac{\alpha}{2} = \dfrac{\sin^2 \dfrac{\alpha}{2}}{\cos^2 \dfrac{\alpha}{2}} = \dfrac{\dfrac{1-\cos \alpha}{2}}{\dfrac{1+\cos \alpha}{2}} = \dfrac{1-\cos \alpha}{1+\cos \alpha}$$

これで、③も導かれた。

このように、加法定理を覚えておけば、簡単に2倍角の公式を導くことができ、さらにそこから半角の公式が導くことができる。

角を半分にするとき

半角の公式

① $\sin^2 \dfrac{\alpha}{2} = \dfrac{1-\cos\alpha}{2}$

② $\cos^2 \dfrac{\alpha}{2} = \dfrac{1+\cos\alpha}{2}$

③ $\tan^2 \dfrac{\alpha}{2} = \dfrac{1-\cos\alpha}{1+\cos\alpha}$

2倍角の公式から $2\beta=\alpha$ とおくことによって導けるね！

$2\beta=\alpha \rightarrow \dfrac{\alpha}{2}=\beta$

応用・$y=\cos^2\dfrac{x}{2}$ のグラフ

2倍角の公式をもとに、$y=\cos^2\dfrac{x}{2}$ のグラフを描いてみよう。

半角の公式②より
$$y=\cos^2\dfrac{x}{2} = \dfrac{1+\cos x}{2} = \dfrac{1}{2}+\dfrac{1}{2}\cos x$$

振幅 $\dfrac{1}{2}$、周期 2π のサインカーブが y 軸方向へ $\dfrac{1}{2}$ 平行移動したもの！

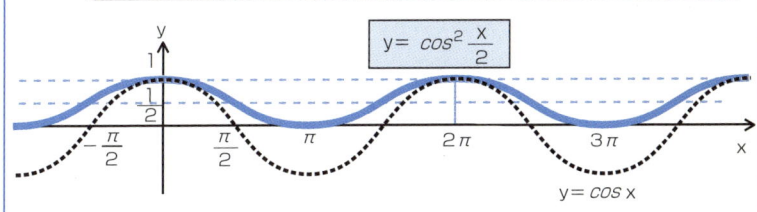

$y=\cos^2\dfrac{x}{2}$

$y=\cos x$

cosを2乗しているから、もっと複雑なグラフかと思ったけど、きれいなコサインカーブだね！

足し算をかけ算へ

〜和・差から積の公式〜

加法定理を用いると、三角関数の足し算をかけ算に換える式(右ページ参照)も導くことができる。

まず、①の式については、sinの加法定理から

$\sin(\gamma+\delta) = \sin\gamma\cos\delta + \cos\gamma\sin\delta$ …㋐
$\sin(\gamma-\delta) = \sin\gamma\cos\delta - \cos\gamma\sin\delta$ …㋑

㋐＋㋑ より $\sin(\gamma+\delta) + \sin(\gamma-\delta) = 2\sin\gamma\cos\delta$ …㋒

$\gamma+\delta=\alpha$、$\gamma-\delta=\beta$ とおくと

$$\gamma = \frac{\alpha+\beta}{2}、\quad \delta = \frac{\alpha-\beta}{2}$$

㋒に代入して $\sin\alpha + \sin\beta = 2\sin\dfrac{\alpha+\beta}{2}\cos\dfrac{\alpha-\beta}{2}$

これで、①が導かれた。②については、㋐から㋑を引き算し、上記のことと同じようにすれば導かれる。

③については、cosの加法定理を用いて、

$\cos(\gamma+\delta) = \cos\gamma\cos\delta - \sin\gamma\sin\delta$ …㋓
$\cos(\gamma-\delta) = \cos\gamma\cos\delta + \sin\gamma\sin\delta$ …㋔

㋓＋㋔ より $\cos(\gamma+\delta) + \cos(\gamma-\delta) = 2\cos\gamma\cos\delta$

$\gamma+\delta=\alpha$、$\gamma-\delta=\beta$ とおくと

$$\gamma = \frac{\alpha+\beta}{2}、\quad \delta = \frac{\alpha-\beta}{2}$$

よって $\cos\alpha + \cos\beta = 2\cos\dfrac{\alpha+\beta}{2}\cos\dfrac{\alpha-\beta}{2}$

これで、③が導かれた。④については、㋓から㋔を引き算する。

三角関数の足し算

和・差から積への公式

① $\sin\alpha + \sin\beta = 2\sin\dfrac{\alpha+\beta}{2}\cos\dfrac{\alpha-\beta}{2}$

② $\sin\alpha - \sin\beta = 2\cos\dfrac{\alpha+\beta}{2}\sin\dfrac{\alpha-\beta}{2}$

③ $\cos\alpha + \cos\beta = 2\cos\dfrac{\alpha+\beta}{2}\cos\dfrac{\alpha-\beta}{2}$

④ $\cos\alpha - \cos\beta = -2\sin\dfrac{\alpha+\beta}{2}\sin\dfrac{\alpha-\beta}{2}$

これを全部暗記するのは大変!
加法定理から導けるようになろう!!

①を導いてみよう。〈式どうしの足し算、引き算のテクニック〉

● $\sin$ の加法定理の2つを足してみる

$\sin(\gamma+\delta) = \sin\gamma\cos\delta + \underline{\cos\gamma\sin\delta}$
$+)\ \sin(\gamma-\delta) = \sin\gamma\cos\delta - \underline{\cos\gamma\sin\delta}$

これで $\cos\gamma\sin\delta$ が消える!

$\sin(\underbrace{\gamma+\delta}_{\alpha}) + \sin(\underbrace{\gamma-\delta}_{\beta}) = 2\sin\gamma\cos\delta$ ……(*)

α, β で表せないか?

● $\gamma+\delta=\alpha$、$\gamma-\delta=\beta$ とし、足し算・引き算して γ、δ を消す

$\gamma+\delta=\alpha$
$+)\ \gamma-\delta=\beta$
$2\gamma = \alpha+\beta$
$\boxed{\gamma = \dfrac{\alpha+\beta}{2}}$

$\gamma+\delta=\alpha$
$-)\ \gamma-\delta=\beta$
$2\delta = \alpha-\beta$
$\boxed{\delta = \dfrac{\alpha-\beta}{2}}$

これを(*)の式に代入すると完成!

かけ算を足し算へ

〜積から和・差の公式〜

前項で、足し算をかけ算に直したので、今度は、かけ算を足し算に直す式（右ページ参照）を導こう。

①は、sin の加法定理から

$sin(\alpha+\beta) = sin\alpha cos\beta + cos\alpha sin\beta$ …㋐

$sin(\alpha-\beta) = sin\alpha cos\beta - cos\alpha sin\beta$ …㋑

㋐＋㋑ より $sin(\alpha+\beta) + sin(\alpha-\beta) = 2sin\alpha cos\beta$

よって $sin\alpha cos\beta = \dfrac{1}{2}\{sin(\alpha+\beta) + sin(\alpha-\beta)\}$

これで①が導かれた。②は、㋐−㋑で導かれる。

③は、cos の加法定理から

$cos(\alpha+\beta) = cos\alpha cos\beta - sin\alpha sin\beta$ …㋒

$cos(\alpha-\beta) = cos\alpha cos\beta + sin\alpha sin\beta$ …㋓

㋒＋㋓ より $cos(\alpha+\beta) + cos(\alpha-\beta) = 2cos\alpha cos\beta$

よって $cos\alpha cos\beta = \dfrac{1}{2}\{cos(\alpha+\beta) + cos(\alpha-\beta)\}$

④の式は、㋒−㋓ で導くことができる。

かけ算が足し算に変わると計算が簡単になる。現在は計算機が使えるからあまり問題にならないが、16世紀頃はこれが重要な問題だった。この考え方から"対数"（172ページ）が生まれた。

たとえば、$sin40°cos20°$ の計算を考えてみよう。三角比の表から、$sin40°cos20° = 0.6428 \times 0.9397$ を計算しなければならない。しかし、和に変換すると $sin40°cos20° = (sin60° + sin20°) \div 2$ $= (0.8660 + 0.3420) \div 2 = 0.6040$ の計算ですむ。

三角関数のかけ算

積から和・差への公式

① $\sin\alpha\cos\beta = \dfrac{1}{2}\{\sin(\alpha+\beta)+\sin(\alpha-\beta)\}$

② $\cos\alpha\sin\beta = \dfrac{1}{2}\{\sin(\alpha+\beta)-\sin(\alpha-\beta)\}$

③ $\cos\alpha\cos\beta = \dfrac{1}{2}\{\cos(\alpha+\beta)+\cos(\alpha-\beta)\}$

④ $\sin\alpha\sin\beta = -\dfrac{1}{2}\{\cos(\alpha+\beta)-\cos(\alpha-\beta)\}$

これも、sin、cos、+、−が入り混じっていて暗記するのはひと苦労だね…
加法定理から導けるようになろう!!

積から和への公式の利用法

かけ算 ⟶ 足し算   計算が楽になる!

(例) $\sin 40°\cos 20°$ の計算

(かけ算のままで計算)
$\sin 40°\cos 20°$
$= 0.6428 \times 0.9397 = \cdots$

電卓がないと大変…

(足し算に換えて計算)
$\sin 40°\cos 20°$
$= \dfrac{1}{2} \times (\sin 60° + \sin 20°)$
$= (0.8660 + 0.3420) \div 2$
$= 0.6040$

足し算ならスッキリ!!

sin、cosを合わせたら

～三角関数の合成～

134ページで、$\sin\alpha + \sin\beta$、$\cos\alpha + \cos\beta$ の形の式を積の形の式に換える公式を導いた。ここでは、同じ角度のsinとcosの和の式 $a\sin\theta + b\cos\theta$ の形の式を $r\sin(\theta + \alpha)$ の形に変形しよう。このような変形を、**三角関数の合成** という。

右ページの図1のように 点P(a, b) をとり、x軸の正の部分と動径OPの作る角を α とする。

OP＝rとおくと、$\cos\alpha = \dfrac{a}{r}$、$\sin\alpha = \dfrac{b}{r}$ となる。

このとき、最初の式の和は、

$a\sin\theta + b\cos\theta = r\left(\dfrac{a}{r}\sin\theta + \dfrac{b}{r}\cos\theta\right)$ と変形できる。

すると、$\dfrac{a}{r}$ と $\dfrac{b}{r}$ の部分がそれぞれ $\cos\alpha$ と $\sin\alpha$ にぴったり当てはまるので、

$$\begin{aligned}a\sin\theta + b\cos\theta &= r(\cos\alpha\sin\theta + \sin\alpha\cos\theta) \\ &= r(\sin\theta\cos\alpha + \cos\theta\sin\alpha) \\ &= r\sin(\theta + \alpha) \quad [加法定理より]\end{aligned}$$

また、三平方の定理より $r = \sqrt{a^2 + b^2}$ であるから、結局、次の式が成り立つ。

$a\sin\theta + b\cos\theta = \sqrt{a^2 + b^2}\,\sin(\theta + \alpha)$

ただし、α は $\cos\alpha = \dfrac{a}{\sqrt{a^2+b^2}}$、$\sin\alpha = \dfrac{b}{\sqrt{a^2+b^2}}$ となる角である。

三角関数を1つにする

三角関数の和の形

● 異なる角度の α、β の和

$sin\ \alpha + sin\ \beta$
$cos\alpha + cos\beta$

→ 和から積への公式 →

$2\ sin\ \dfrac{\alpha+\beta}{2} cos\ \dfrac{\alpha-\beta}{2}$
$2\ cos\ \dfrac{\alpha+\beta}{2} cos\ \dfrac{\alpha-\beta}{2}$

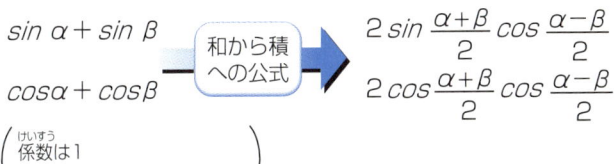

（係数は1
sin どうし、cos どうしの和）

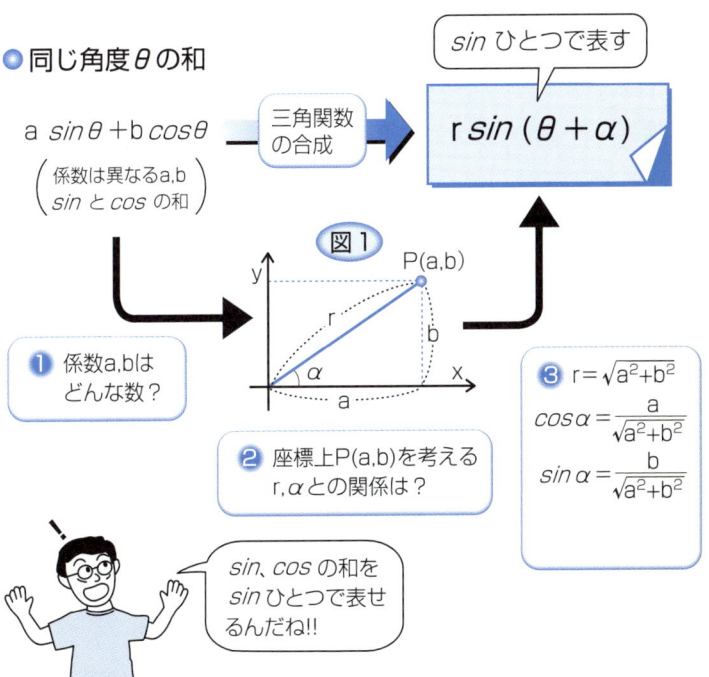

● 同じ角度 θ の和

$a\ sin\theta + b\ cos\theta$

（係数は異なるa,b
sin と cos の和）

→ 三角関数の合成 →

sin ひとつで表す

$r\ sin\ (\theta + \alpha)$

図1

❶ 係数a,bはどんな数？

❷ 座標上P(a,b)を考える r,α との関係は？

❸ $r = \sqrt{a^2+b^2}$
$cos\alpha = \dfrac{a}{\sqrt{a^2+b^2}}$
$sin\alpha = \dfrac{b}{\sqrt{a^2+b^2}}$

sin、cos の和を sin ひとつで表せるんだね!!

"波" すなわち "sin"

〜三角関数のまとめ〜

　この章で、関数としての sin、cos、tan を見てきた。sin のグラフは、きれいな波形（サインカーブ）をしていることがわかった。これが、三角関数の最大の特徴である。さらに、加法定理をはじめいろいろな公式を導いてきた。サインカーブやいろいろな公式は、sin が円の弦の長さを表している（90ページ）ことの結果である。そして、円から離れて、これらの公式を武器として、"波"を表す関数として三角関数は独り立ちしていく。

　私たちの身のまわりには、"波"が満ちあふれている。家庭に供給される交流電流、ラジオ・テレビに音や画像を送る電磁波、空気の密度の変化によって伝わる音、地球のひずみによって起きる地震、地震によって起きる津波など数え上げればきりがない。これらの波を科学的に分析し、利用し、制御するためには、必ず三角関数が必要になる。また、DNA（デオキシリボ核酸）の構造の解析から始まるバイオテクノロジーを支えている技術や、CTスキャンやMRIなどの医療機器の利用を可能にしているのも三角関数である。

　波だけではなく、バネの振動、弦の振動、ピストンの上下動、振り子の運動など周期性をもった運動を解明するためにも三角関数はなくてはならないものである。

　このように、利用範囲が広い三角関数であるが、三角関数だけではその力は十分に発揮されない。そのためには、「微分・積分を含む極限の世界」や「虚数単位 i による複素数の世界」に踏み込む必要がある。第4章以降、これらの世界に踏み込み、三角関数がどのように変わり、強力な道具になるかを見ていくことにしよう。

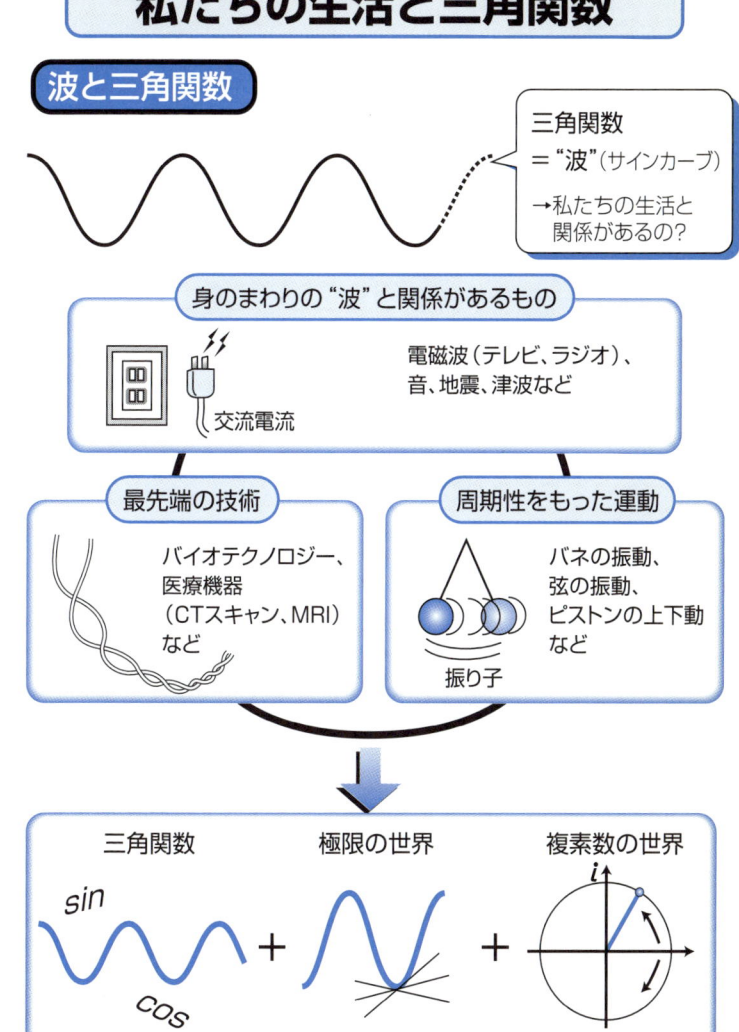

私たちの生活と三角関数

波と三角関数

三角関数
= "波"(サインカーブ)
→ 私たちの生活と関係があるの?

身のまわりの"波"と関係があるもの

交流電流

電磁波(テレビ、ラジオ)、音、地震、津波など

最先端の技術

バイオテクノロジー、医療機器(CTスキャン、MRI)など

周期性をもった運動

バネの振動、弦の振動、ピストンの上下動など

振り子

三角関数

sin
cos

＋

極限の世界

＋

複素数の世界

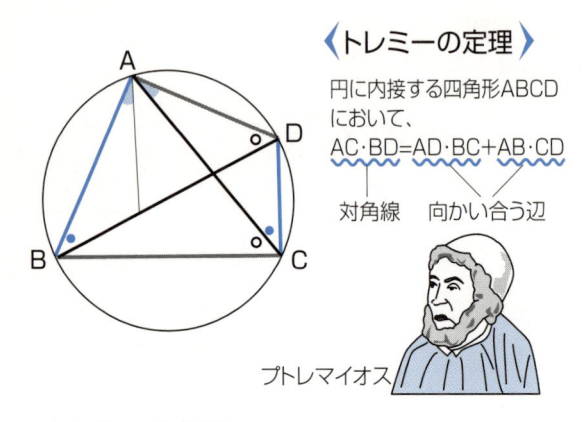

《トレミーの定理》

円に内接する四角形ABCDにおいて、
AC・BD=AD・BC+AB・CD

対角線　向かい合う辺

プトレマイオス

トレミーの定理

　加法定理 $sin(α+β)=sinα cosβ+cosα sinβ$ を導く定理が、いまから約1850年前にギリシアのプトレマイオス（英語名　トレミー）によって示された。それは、次のトレミーの定理である。
「円に内接する四角形ABCDにおいて、
　AC・BD=AB・CD+BC・DAが成り立つ。」
　この定理から、加法定理や2倍角の公式や半角の公式など、三角関数に関するいろいろな公式に相当する式が導き出された。プトレマイオスはこれらを用いて、$\frac{1}{4}$°から90°までの$\frac{1}{4}$°刻みの「弦の表」を作成した。この表はプトレマイオスが著した「アルマゲスト」の第Ⅰ巻の最も重要な部分である。これはその後、1000年以上ものあいだ、天文学者にとって必要不可欠なものとなった。

Chapter 4

三角関数と微分・積分

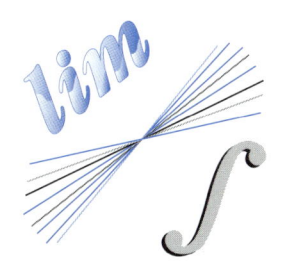

$\sin x$ を x で バラバラにする

～$\sin x$ のべき級数展開～

前章で、関数としての $\sin$、$\cos$ を見てきた。この章の目標は、微分を使って $\sin x$、$\cos x$ を x^n の無限個の和で表すことである。つまり、次の式が成り立つことを示すことにある。

$$\sin x = x - \frac{1}{3!}x^3 + \frac{1}{5!}x^5 - \frac{1}{7!}x^7 + \cdots + \frac{(-1)^n}{(2n+1)!}x^{2n+1} + \cdots$$

$$\cos x = 1 - \frac{1}{2!}x^2 + \frac{1}{4!}x^4 - \frac{1}{6!}x^6 + \cdots + \frac{(-1)^n}{(2n)!}x^{2n} + \cdots$$

ここで、…は同じような式が続くことを意味している。そして、$2!=1\times2=2$、$3!=1\times2\times3=6$、$4!=1\times2\times3\times4=24$、というように、$n!$ は、1 から n までの整数をかけ算することを意味する。

このように関数を無限個の x^n の和で表すことを、べき級数展開という。$\sin$ や $\cos$ のべき級数展開は、微分・積分の創始者であるニュートンやライプニッツもすでに知っていた。この式を利用すると、$\sin$ の値に近い値（近似値）が求められる。たとえば、

$$\sin\frac{\pi}{3} \fallingdotseq \frac{\pi}{3} - \frac{1}{6}\left(\frac{\pi}{3}\right)^3 + \frac{1}{120}\left(\frac{\pi}{3}\right)^5 - \frac{1}{5040}\left(\frac{\pi}{3}\right)^7$$

$$= 0.8660058\cdots$$

となる。三角比の表によると $\sin 60°$ は、0.8660 である。

また、いろいろな関数を x^n の和で表すと、それらの関数の比較が容易になる。次章で説明する e^{ix} のべき級数展開と $\cos x + i\sin x$ のべき級数展開を比較すると、オイラーの公式 $e^{ix} = \cos x + i\sin x$ を導くことができる。この章からオイラーの公式を目標として話を進めていこう。

関数の見分けをつける技

べき級数展開とは

三角関数 $sin\ x$ は、他の関数と比較できないのかな？

$\theta = x$ とすると、$y = sin\ x$

ここに微分を使うわけか!!
（第4章）

微分

べき級数展開

$$sin\ x = x - \frac{1}{3!}x^3 + \frac{1}{5!}x^5 - \frac{1}{7!}x^7 + \cdots + \frac{(-1)^n}{(2n+1)}x^{2n+1} + \cdots$$

関数を無限個の x^n の和で表す

なるほど、こうなると比較しやすいね

… ： 同じような式が続く
n! ： 1×2×…×n

さらに

- $cos\ x$、$sin\ x$ のべき級数展開（第4章）
- e^{ix} のべき級数展開（第5章）

i の世界（第6章）

オイラーの公式
$e^{ix} = cos\ x + i\ sin\ x$
（194ページ）

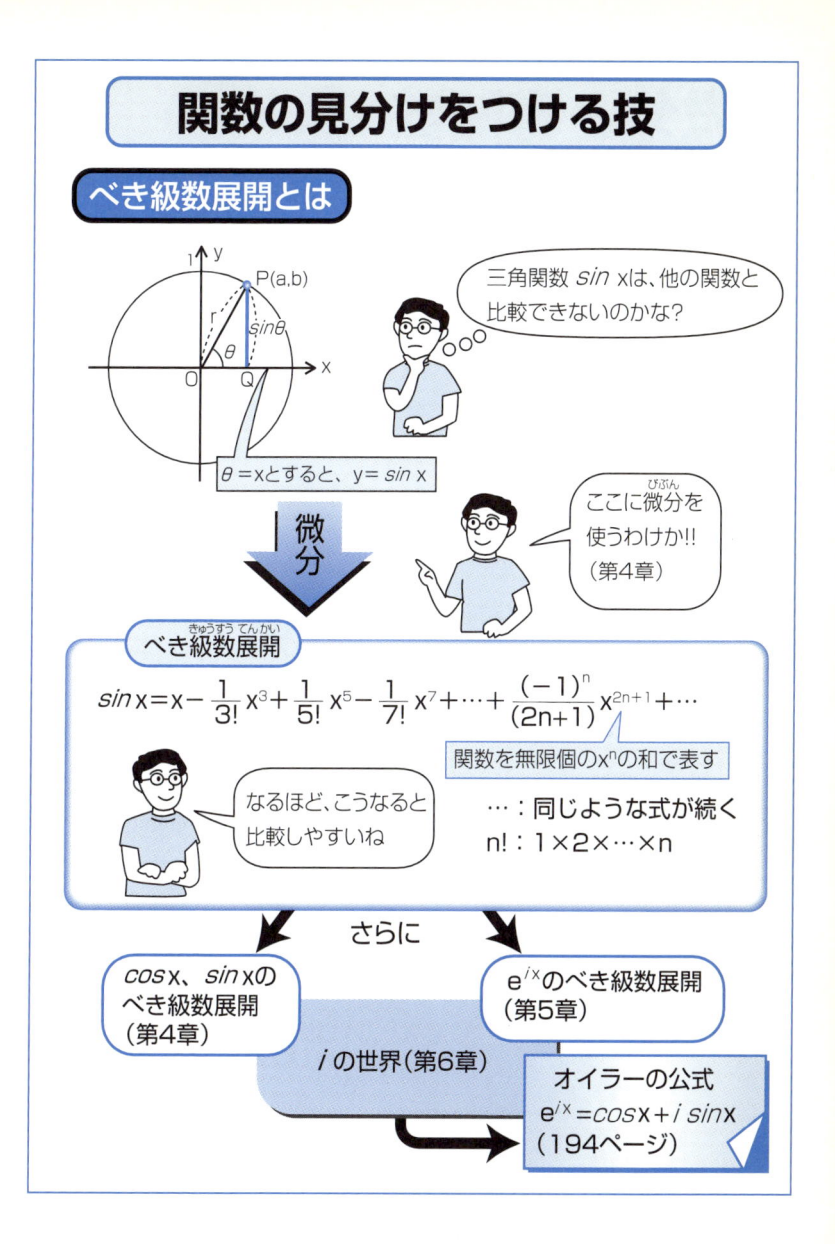

微分と導関数

〜微分の定義〜

$sinx$ をべき級数展開するための武器である微分を見ていくことにしよう。少々難しいが、じっくり考えていこう。

一般の関数 $y=f(x)$ で（yの変化量）÷（xの変化量）を考えよう。xがaからa＋hまで増えると、yはf(a)からf(a＋h)まで増える。したがって、xの変化量は (a＋h)－a＝h であり、yの変化量は f(a＋h)－f(a) である。したがって、

$$\frac{（yの変化量）}{（xの変化量）} = \frac{f(a+h)-f(a)}{h}$$

ここで、hを限りなく0に近づけると、ある一定の値に近づく。この値を $f'(a)$ と書き、微分係数または変化率という。式では、

$$\lim_{h \to 0} \frac{f(a+h)-f(a)}{h} = f'(a)$$

と書く。記号 lim は、極限、限度などを意味するlimitの略で、リミットと読む。その下にある「h→0」は、hを限りなく0に近づける意味である。また、$f'(a)$ は右の図からわかるように、x＝aにおける $y=f(x)$ の接線の傾きを表している。つまり、微分係数とは接線の傾きである。微分係数の式で、aにいろいろな値を代入することができるから、aを変数として、$f'(a)$ を関数と考える。そこで、aの代わりに変数らしい文字xを使って、

$$f'(x) = \lim_{h \to 0} \frac{f(x+h)-f(x)}{h}$$

とおき、これを関数 $y=f(x)$ の導関数という。導関数を y' とも書く。そして、「微分する」とは、この導関数を求めることをいう。

微分の考え方

微分係数と導関数

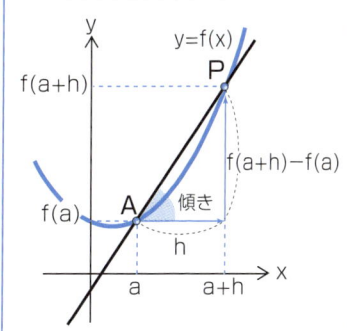

関数　$y = f(x)$

① x が $a+h$ に増えると…

$$\frac{(yの変化量)}{(xの変化量)} = \frac{f(a+h)-f(a)}{h}$$

2点A,Pを結んだ直線の傾きに等しい

②xの変化量hを0に近づける（h→0）。

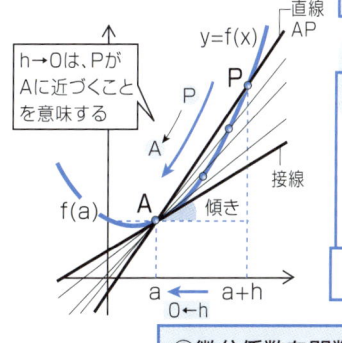

h→0は、PがAに近づくことを意味する

$$\lim_{h \to 0} \frac{f(a+h)-f(a)}{h} = f'(a)$$

微分係数
これはx=aにおける接線の傾き

limit（極限・限度）の略

③微分係数を関数と考える。

$$f'(x) = \lim_{h \to 0} \frac{f(x+h)-f(x)}{h}$$

導関数
導関数を求めることを「微分する」という。

$y = x^n$ を微分してみよう

～微分の計算（1）～

前項で、関数 $y = f(x)$ に対して、

$$f'(x) = \lim_{h \to 0} \frac{f(x+h) - f(x)}{h}$$

を、$y = f(x)$ の導関数といった。そして導関数 $f'(x)$ を求めることを「微分する」という。

実際に、関数 $y = x^2$ を微分してみよう。

$$(x^2)' = \lim_{h \to 0} \frac{(x+h)^2 - x^2}{h} = \lim_{h \to 0} \frac{x^2 + 2xh + h^2 - x^2}{h}$$

$$= \lim_{h \to 0} \frac{h(2x+h)}{h} = \lim_{h \to 0} (2x+h)$$

ここで、h を限りなく 0 に近づけていくと、$y = x^2$ の導関数は $y' = 2x$ となる。一般に、$y = x^n$ を微分すると、導関数は $y' = nx^{n-1}$ になる。このことを、$(x^n)' = nx^{n-1}$ とも書く。ただし、導関数の定義から、$(x)' = 1$、定数 c の微分は $(c)' = 0$ である。

この公式 $(x^n)' = nx^{n-1}$ を使うと、$y = x^n$ の導関数が簡単に求められる。しかし、$y = 3x^2 + 2x + 1$ という形の場合、導関数は、この公式だけでは求められない。この場合は、右ページの導関数の公式 II も使う。$y = 3x^2 + 2x + 1$ を微分してみよう。

$y' = (3x^2 + 2x + 1)'$
$= (3x^2)' + (2x)' + (1)'$ ［各項の微分に分ける］
$= 3(x^2)' + 2(x)' + (1)'$ ［x 以外の数字や文字は対象外］
$= 3 \times 2x^{2-1} + 2 \times 1 + 0 = 6x + 2$

と計算する。少し込み入っているが、要するに、x^n が出てきたら、その部分だけ nx^{n-1} に変えればよいということだ。

微分の手順

X^nの微分

(例) $y = X^3$ の微分

$$(X^3)' = \lim_{h \to 0} \frac{(X+h)^3 - X^3}{h}$$

$$= \lim_{h \to 0} \frac{(X^3 + 3X^2h + 3Xh^2 + h^3) - X^3}{h}$$

$$= \lim_{h \to 0} \frac{h(3X^2 + 3Xh + h^2)}{h}$$

$$= \lim_{h \to 0} (3X^2 + 3Xh + h^2)$$

hを0に近づけていくと…

$$= 3X^2$$

元のXの次数／次数は-1

左ページのX^2の微分も含めてよく見ると、何かルールがありそうだね！

導関数の公式

(公式Ⅰ) $(X^n)' = n X^{n-1}$

元の次数

特に、$(X)' = 1$, $(c)' = 0$
ただし、cは定数

(公式Ⅱ) 1. $y = k f(x)$ ならば、$y' = k f'(x)$
2. $y = f(x) + g(x)$ ならば、$y' = f'(x) + g'(x)$

y=sinx を微分してみよう

～微分の計算（2）～

　前項で、x^nの微分の計算方法を見てきた。ここでは、三角関数 $y=sinx$ の微分を考えよう。sin も関数というからには微分することができるのだ。

　まず、導関数の定義 $f'(x) = \lim_{h \to 0} \dfrac{f(x+h)-f(x)}{h}$ より

$$y' = \lim_{h \to 0} \dfrac{sin(x+h) - sinx}{h}$$

となるが、この分子に次の差から積への公式

$sin\alpha - sin\beta = 2cos\dfrac{\alpha+\beta}{2} sin\dfrac{\alpha-\beta}{2}$ を当てはめると、

$$sin(x+h) - sinx = 2\,cos\,\dfrac{(x+h)+x}{2}\,sin\,\dfrac{(x+h)-x}{2}$$
$$= 2\,cos(x+\tfrac{1}{2}h)\,sin(\tfrac{1}{2}h)$$

となる。よって、

$$y' = \lim_{h \to 0} \dfrac{sin(x+h)-sinx}{h} = \lim_{h \to 0} \dfrac{2\,cos(x+\tfrac{1}{2}h)\,sin(\tfrac{1}{2}h)}{h}$$
$$= \lim_{h \to 0} \dfrac{cos(x+\tfrac{1}{2}h)\,sin(\tfrac{1}{2}h)}{\tfrac{1}{2}h} = \lim_{h \to 0} cos(x+\tfrac{1}{2}h)\dfrac{sin(\tfrac{1}{2}h)}{\tfrac{1}{2}h}$$

ここで、h を 0 に近づけると、$cos(x+\tfrac{1}{2}h)$ は $cosx$ に近づき、$\dfrac{sin(\tfrac{1}{2}h)}{\tfrac{1}{2}h}$ は、右ページの公式から、1 に近づくことがわかる。したがって、$y'=cosx$ となる。つまり、$y=sinx$ を微分すると $y'=cosx$ になるのだ。

三角関数の微分①

sin Xの微分

導関数（微分）
$$y = \sin X$$
$$y' = \lim_{h \to 0} \frac{\sin(X+h) - \sin X}{h}$$

hを0に近づけると…

$$= \lim_{h \to 0} \cos\left(X + \frac{h}{2}\right) \cdot \frac{\sin\frac{h}{2}}{\frac{h}{2}} = \cos X$$

- $\cos\left(X + \frac{h}{2}\right)$ → cos Xに近づく
- $\frac{\sin\frac{h}{2}}{\frac{h}{2}}$ → 1に近づく（下図）

sin xの導関数

$$(\sin x)' = \cos x$$

ひっくり返すと…

表が sin X、裏が cos Xのカードを微分によってひっくり返すと考えよう。

三角関数の極限値

右図で、AH = $\sin\theta$、弧AB = θ

θを0に近づけていくと、AHと弧ABは同じ長さに近づいていく

$$\lim_{\theta \to 0} \frac{\sin\theta}{\theta} = 1$$

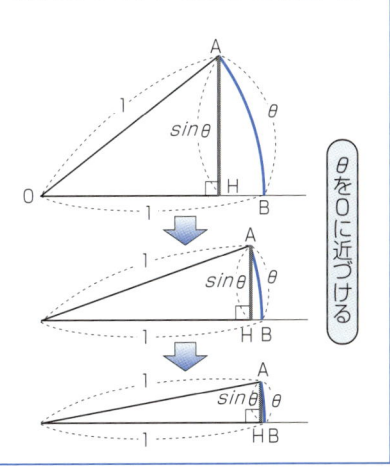

θを0に近づける

$y=cosx$ を微分してみよう

～微分の計算（3）～

前項でかなり難しい計算をして、$y=sinx$ を微分すると $y'=cosx$ になることを導いた。それでは $y=cosx$ を微分するとどうなるだろうか。これも、$y=sinx$ の場合と同じようにできる。それを、以下に示そう。

導関数の定義 $f'(x)=\lim_{h \to 0}\dfrac{f(x+h)-f(x)}{h}$ より

$$y'=\lim_{h \to 0}\dfrac{cos(x+h)-cosx}{h}$$

となるが、この分子の部分に、次の差から積への公式

$cos\alpha-cos\beta=-2\,sin\dfrac{\alpha+\beta}{2}\,sin\dfrac{\alpha-\beta}{2}$ を当てはめると、

$$cos(x+h)-cosx=-2sin\dfrac{(x+h)+x}{2}\,sin\dfrac{(x+h)-x}{2}$$

となる。よって、

$$y'=\lim_{h \to 0}\dfrac{cos(x+h)-cosx}{h}=\lim_{h \to 0}\dfrac{-2\,sin(x+\frac{1}{2}h)\,sin(\frac{1}{2}h)}{h}$$

$$=\lim_{h \to 0}\dfrac{-sin(x+\frac{1}{2}h)\,sin(\frac{1}{2}h)}{\frac{1}{2}h}$$

ここで、h を 0 に近づけると、$-sin(x+\dfrac{1}{2}h)$ は $-sinx$ に近づき、$\dfrac{sin(\frac{1}{2}h)}{\frac{1}{2}h}$ は 1 に近づくから、$y'=-sinx$ となる。

つまり、$y=cosx$ を微分すると $y'=-sinx$ になる。このように、sin、cos は、符号の違いはあるが微分で互いに入れ替わる。

三角関数の微分②

cos Xの微分

導関数（微分）
$$y = \cos X$$
$$y' = \lim_{h \to 0} \frac{\cos(X+h) - \cos X}{h}$$

$$= \lim_{h \to 0} \frac{-2\sin\frac{X+h+X}{2} \cdot \sin\frac{h}{2}}{h}$$

$$= \lim_{h \to 0} \frac{-\sin(X+\frac{h}{2}) \cdot \sin\frac{h}{2}}{\frac{h}{2}}$$

hを0に近づけると…
$$= \lim_{h \to 0} -\sin(X+\frac{h}{2}) \cdot \frac{\sin\frac{h}{2}}{\frac{h}{2}} = -\sin X$$

- $-\sin X$に近づく
- 1に近づく（前項）

cos xの導関数

$$(\cos x)' = -\sin x$$

sinを微分するとcosに、cosを微分すると-sinに…
おもしろい性質だね！

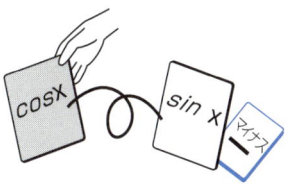

表がcos Xのカードをひっくり返すと、sin Xが出て、-（マイナス）のカードが付いてくると考えよう。

微分は何回でもできる

〜高次導関数〜

$y = f(x)$ を微分して、導関数 $y' = f'(x)$ を求める。導関数も関数なので、さらに微分することができる。それを $f(x)$ の第2次導関数といい、$y'' = f''(x)$ と書く。さらに、第2次導関数を微分して得られる関数を $f(x)$ の第3次導関数といい、$y''' = f'''(x)$ と書く。また、$f'(x)$ を $f(x)$ の第1次導関数ということもある。一般に n 回微分して得られる関数を、$f(x)$ の第 n 次導関数といい、$y^{(n)}$、$f^{(n)}(x)$ などと表す。第2次以上の導関数をまとめて、高次導関数という。

たとえば、$y = x^4$ という関数の高次導関数を求めていくと、

$y' = (x^4)' = 4x^{4-1} = 4x^3$

$y'' = (4x^3)' = 4(x^3)' = 4 \times 3x^{3-1} = 4 \times 3x^2$

$y''' = (4 \times 3x^2)' = 4 \times 3(x^2)' = 4 \times 3 \times 2x^{2-1} = 4 \times 3 \times 2x$

$y^{(4)} = (4 \times 3 \times 2x)' = 4 \times 3 \times 2(x)' = 4 \times 3 \times 2 \times 1 = 4!$

このように、x^n は、1回微分するごとに、xの次数(xの右肩に乗っている数nをxの次数という)が1つずつ下がっていく。そして、n 回微分すると x が消えてしまい、$n \times (n-1) \times \cdots \times 2 \times 1 = n!$ になる。

次に、$y = \sin x$ をどんどん微分してみよう。

$y' = \cos x$、$y'' = (\cos x)' = -\sin x$、

$y''' = (-\sin x)' = -(\sin x)' = -\cos x$、

$y^{(4)} = (-\cos x)' = -(\cos x)' = -(-\sin x) = \sin x$

つまり、$\sin x$ は4回微分すると元に戻る。これは、$\sin$ の重要な性質である。

導関数を微分する

x^n の微分をくり返す

微分の公式 $(x^n)' = nx^{n-1}$ をくり返し使うと…

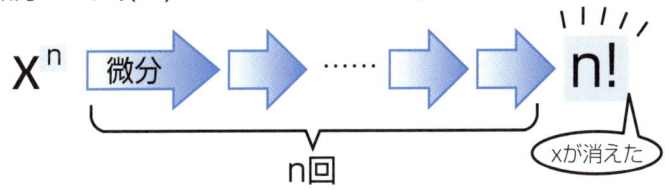

x^n →微分→ …… → → $n!$

n回

xが消えた

x^n は、n回微分するとxが消え、n!になる
y=x^n のとき、 $y^{(n)} = n!$

$sin x$ の微分をくり返す

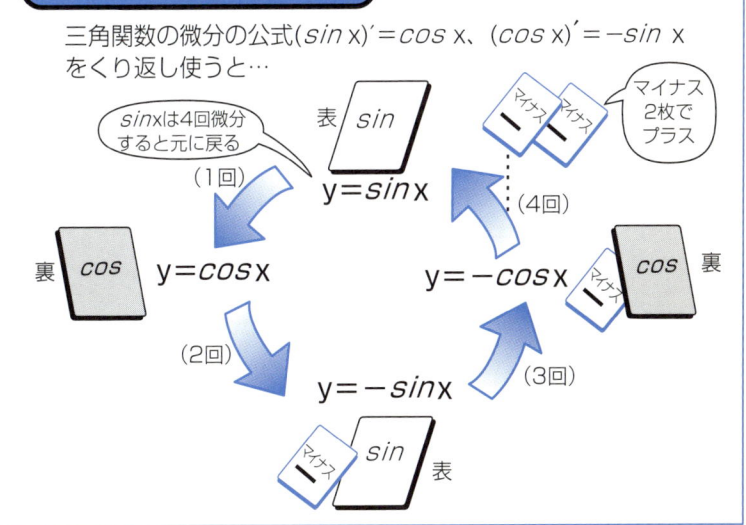

三角関数の微分の公式 $(\sin x)' = \cos x$、$(\cos x)' = -\sin x$ をくり返し使うと…

sinxは4回微分すると元に戻る

マイナス2枚でプラス

表 sin y=sin x

(1回) ↓

裏 cos y=cos x

(2回) ↓

y=−sin x   sin 表

(3回) →

y=−cos x   cos 裏

(4回) ↑

$\sin x$ を展開しよう

～$\sin x$ のべき級数展開～

かけ足で x^n、$\sin x$、$\cos x$ の微分を見てきた。ここでは、これらのことを使って、いよいよ $\sin x$ をべき級数に展開しよう。

まず、$\sin x = a_0 + a_1 x + a_2 x^2 + a_3 x^3 + a_4 x^4 + \cdots$ ……①

とおいてみる。①で $x = 0$ を代入すると

$\sin 0 = a_0 + a_1 \cdot 0 + a_2 \cdot 0^2 + a_3 \cdot 0^3 + a_4 \cdot 0^4 + \cdots$

であり、左辺 $= \sin 0 = 0$、右辺 $= a_0$ であるから、$a_0 = 0$。

次に、①の両辺を x で微分すると、$(\sin x)' = \cos x$ だから

$\cos x = 0 + a_1 + 2a_2 x + 3a_3 x^2 + 4a_4 x^3 + 5a_5 x^4 + \cdots$ ……②

$x = 0$ を代入すると、$\cos 0 = a_1 + 2a_2 \cdot 0 + 3a_3 \cdot 0^2 + 4a_4 \cdot 0^3 + \cdots$

であり、左辺 $= \cos 0 = 1$、右辺 $= a_1$ であるから、$a_1 = 1$。

さらに、②の両辺を x で微分すると、$(\cos x)' = -\sin x$ だから

$-\sin x = 0 + 2a_2 + 2 \cdot 3 a_3 x + 3 \cdot 4 a_4 x^2 + 4 \cdot 5 a_5 x^3 \cdots$ ……③

$x = 0$ を代入すると、左辺 $= -\sin 0 = 0$、右辺 $= 2a_2$ であるから、$a_2 = 0$ である。さらに、③の両辺を x で微分すると、

$-\cos x = 0 + 2 \cdot 3 a_3 + 2 \cdot 3 \cdot 4 a_4 x + 3 \cdot 4 \cdot 5 a_5 x^2 \cdots$ ……④

$x = 0$ を代入すると、左辺 $= -\cos 0 = -1$、右辺 $= 2 \cdot 3 a_3$ であるから、$a_3 = -\frac{1}{6}$ である。この「x で微分→$x = 0$ を代入」の操作を続けていくが、ここで、$1 \cdot 2 \cdot 3 \cdots\cdots \cdot n = n!$ と書くことにすれば、$a_4 = 0$、$a_5 = \frac{1}{(2 \cdot 3 \cdot 4 \cdot 5)} = \frac{1}{5!}$、$a_6 = 0$、$a_7 = -\frac{1}{7!}$、$\cdots$ と次々に求めていくことができる。したがって、

$$\sin x = x - \frac{1}{3!} x^3 + \frac{1}{5!} x^5 - \frac{1}{7!} x^7 + \cdots + \frac{(-1)^n}{(2n+1)!} x^{2n+1} + \cdots$$

となり、これで $\sin$ のべき級数展開がついに完成である。

三角関数のべき級数展開

$\sin x$ のべき級数展開

目標 $\sin x = a_0 + a_1 x + a_2 x^2 + a_3 x^3 + a_4 x^4 + \cdots$

> 操作① $x=0$ とおく。 …右辺は定数項のみになる
> 操作② 両辺を微分する。 …$(\sin x)' = \cos x$, $(\cos x)' = -\sin x$ の利用

これをくり返すと、

$a_0 = 0,\ a_1 = 1,\ a_2 = 0,\ a_3 = -\dfrac{1}{2\cdot 3},\ a_4 = 0, \cdots$

$\cdots a_{2n} = 0,\ a_{2n+1} = \dfrac{(-1)^n}{(2n+1)!}, \cdots$

よって、

$$\sin x = x - \frac{1}{3!}x^3 + \frac{1}{5!}x^5 - \frac{1}{7!}x^7 + \cdots + \frac{(-1)^n}{(2n+1)!}x^{2n+1} + \cdots$$

$\cos x$ のべき級数展開

目標 $\cos x = a_0 + a_1 x + a_2 x^2 + a_3 x^3 + a_4 x^4 + \cdots$

> 上記と同様の操作①,②
> をくり返す。

$a_0 = 1,\ a_1 = 0,\ a_2 = -\dfrac{1}{1\cdot 2},\ a_3 = 0,\ a_4 = \dfrac{1}{1\cdot 2\cdot 3\cdot 4} \cdots$

$\cdots a_{2n-1} = 0,\ a_{2n} = \dfrac{(-1)^n}{(2n)!}, \cdots$

よって、

$$\cos x = 1 - \frac{1}{2!}x^2 + \frac{1}{4!}x^4 - \frac{1}{6!}x^6 + \cdots + \frac{(-1)^n}{(2n)!}x^{2n} + \cdots$$

微分と積分は逆操作

〜積分の定義〜

微分の次に、積分に目を転じよう。歴史的には、微分は接線を求めるために、積分は面積や体積を求めるために考え出された。この2つは別々の歴史をもっているが、微分と積分が逆の操作だということに気付いたのが、ニュートンとライプニッツである。ここでは、積分は微分の逆の操作であるとして、積分を定義することにしよう。

たとえば、$y=x^2$、$y=x^2+4$、$y=x^2+5$、$y=x^2-3$という関数を微分すると、すべて$y'=2x$になる。このとき逆に、微分して$2x$になる関数を$2x$の不定積分といい、$\int 2x\,dx$ で表す。$2x$の不定積分は、$y=x^2$、$y=x^2+4$、$y=x^2+5$、$y=x^2-3$…と無数にあるが、これらの不定積分を見ると、x^2の部分は同じで、xがついていない項(これを定数項という)だけが異なっている。そこで、定数項をCと書いて、$2x$の不定積分は

$$\int 2x\,dx = x^2 + C$$

と表される。一般に、$F'(x)=f(x)$ であるとき、不定積分は

$$\int f(x)\,dx = F(x) + C$$

と表す。$f(x)$ の不定積分を求めることを、$f(x)$ を積分するといい、Cを積分定数という。また、導関数の公式を利用すると、

$$\left(\frac{1}{n+1}x^{n+1}\right)' = \frac{1}{n+1}\cdot(n+1)\ x^{n+1-1} = x^n$$

であるから、$\int x^n\,dx = \dfrac{1}{n+1}x^{n+1} + C$ が成り立つ。

このように、積分は微分の逆の操作だから、$sin\,x$ を積分すると$-cos\,x$になり、$cos\,x$ を積分すると$sin\,x$になるのだ。

積分の手順

積分は微分の逆操作

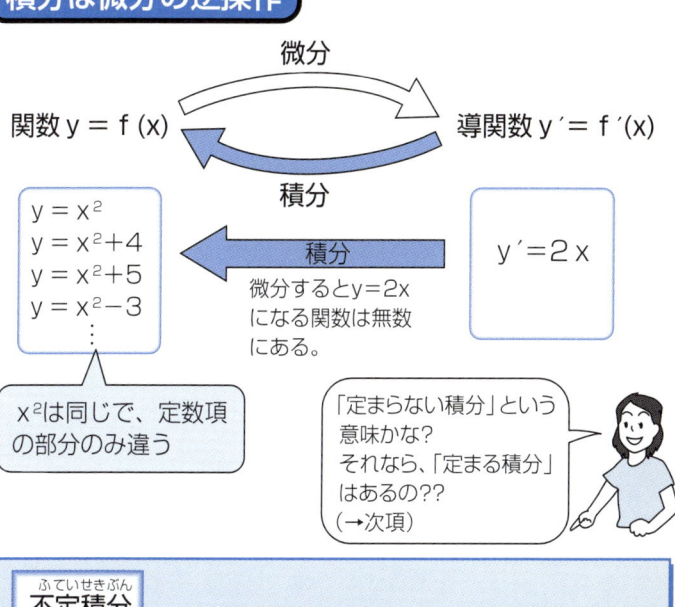

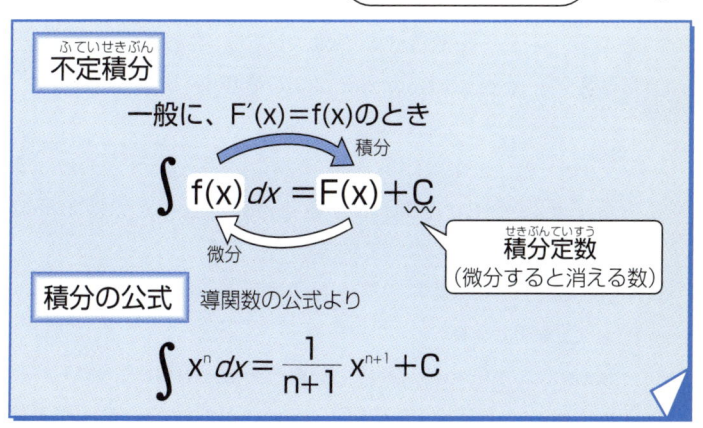

関数 y = f(x) ←微分/積分→ 導関数 y´= f´(x)

y = x²
y = x²+4
y = x²+5
y = x²−3
⋮

← 積分 ─ y´= 2x

微分するとy=2xになる関数は無数にある。

x²は同じで、定数項の部分のみ違う

「定まらない積分」という意味かな？
それなら、「定まる積分」はあるの??
(→次項)

不定積分

一般に、$F'(x)=f(x)$ のとき

$$\int f(x)\,dx = F(x)+C$$

積分定数（微分すると消える数）

積分の公式

導関数の公式より

$$\int x^n\,dx = \frac{1}{n+1}x^{n+1}+C$$

不定積分から定積分へ

～定積分の定義～

前項で、微分の逆の操作が積分であると定義した。微分して導いた導関数を積分して元に戻そうとすると、定数項が決まらないので完全に元には戻らない。そこで、そのような関数を不定積分といった。ここでは、この不定積分を用いて、定積分を定義する。そして、この定積分は面積を求めるのに使われる。

$F'(x) = f(x)$ とすると、不定積分は $\int f(x)\,dx = F(x) + C$ である。不定積分に $x = a$、$x = b$ を代入して引き算すると、

$\{F(b) + C\} - \{F(a) + C\} = F(b) - F(a)$

となり、積分定数Cが引き算で消える。そこで、この値を $f(x)$ のaからbまでの定積分といい、$\int_a^b f(x)\,dx$ と書く。また、$F(b) - F(a)$ を、$[F(x)]_a^b$ と書く。

つまり $\int_a^b f(x)\,dx = [f(x)]_a^b = F(b) - F(a)$ となる。

そして、aをこの定積分の下端、bを上端という。

たとえば、$y = x^2$ の1から3までの定積分は

$$\int_1^3 x^2\,dx = \left[\frac{1}{2+1}x^{2+1}\right]_1^3 = \frac{1}{3} \cdot 3^3 - \frac{1}{3} \cdot 1^3 = 9 - \frac{1}{3} = \frac{26}{3}$$

と計算する。$y = x^2$ のグラフを見ると、実は、この答え $\frac{26}{3}$ は図1の斜線の部分の面積になっている。

それでは、三角関数の定積分を計算してみよう。0からπまでの $\sin x$ の定積分は

$\int_0^\pi \sin x\,dx = [-\cos x]_0^\pi = -\cos \pi - (-\cos 0) = -(-1) - (-1) = 2$

と計算する。そして、この答え2は図2の斜線部分の面積を表している。

積分と面積

定積分とは

不定積分…範囲を定めないで積分する。

$F'(x)=f(x)$のとき

$$\int f(x)\,dx = F(x) + C$$

この部分はときに応じて変わる

定積分(ていせきぶん)…変数xの範囲を定めて積分する。

$F'(x)=f(x)$のとき

x=aからx=bの範囲で積分すると、

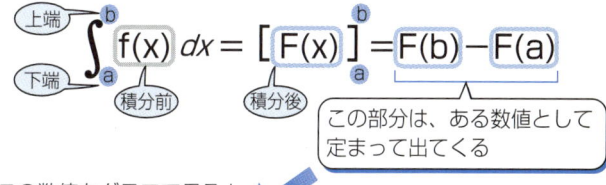

上端 / 下端

$$\int_a^b f(x)\,dx = \left[F(x)\right]_a^b = F(b) - F(a)$$

(積分前) (積分後)

この部分は、ある数値として定まって出てくる

この数値をグラフで見ると、斜線部分の面積を表す。

図1

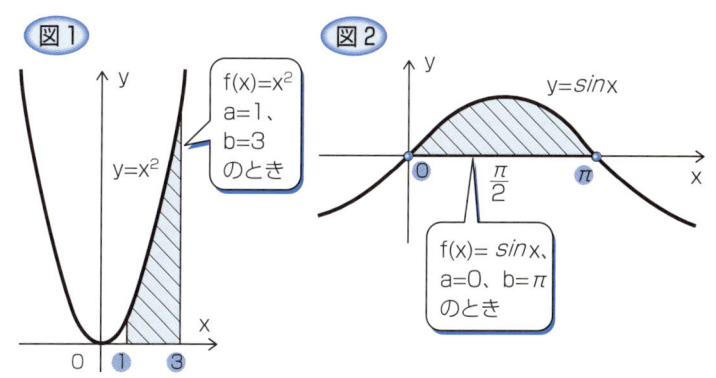

$y=x^2$

$f(x)=x^2$
$a=1$、
$b=3$
のとき

図2

$y=\sin x$

$f(x)=\sin x$、
$a=0$、$b=\pi$
のとき

〈微分積分記号の表し方〉

$\dfrac{dy}{dx}$ $\int sinx\ dx$ — ライプニッツ

$\dot{x}$ $\dot{y}$ — ニュートン

y' $f'(x)$ — ラグランジュ

ライプニッツ（Leibniz）

　ライプニッツ（1646〜1716年）は、ドイツのライプツィヒで生まれた。彼は1672〜1676年のパリ滞在中に数学者ホイヘンスに師事し、この時期に彼の数学のほとんどすべての着想を得ている。この4年間で、微分積分の輪郭ができあがってしまったのだ。

　彼は、数学での記号の重要性をよく認識し、いろいろな記号を数学の中に取り入れた。現在、微分積分で使われている記号 dx、$\int$ は最高傑作である。さらに、微分、関数、座標、微分方程式などいろいろな用語も考案した。

　彼の「新しい数学」に魅せられたスイスのヤコブ・ベルヌーイとその弟のヨハン、さらにその弟子であるオイラーによって、ライプニッツの数学は全ヨーロッパに広がった。

Chapter 5

もう一つの関数・指数関数

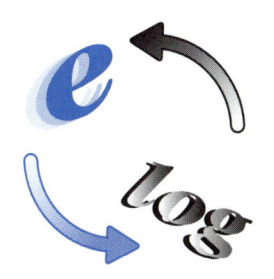

オイラーの公式とは

～三角関数と指数関数の関係～

　本書の目的の1つは、オイラーの公式 $e^{ix}=\cos x + i\sin x$ を導くことにある。この式は、スイスの数学者オイラーが1748年に書いた『無限小解析入門』という本の中に示されている。

　このオイラーの公式 であるが、この式は実に不思議な式である。右辺には、$\sin x$、$\cos x$ の三角関数があり、左辺には、この章で見ていく e^{ix} という指数関数がある。まったく異なる関数と思われていた三角関数と指数関数が、オイラーの公式によって非常に関係が深い者どうしであることがわかったのだ。

　三角関数と指数関数をつないでいるのが "i" という数である。このi自身も不思議な数で、2乗して−1になる数である。つまり、$i^2=-1$である。いままでの2，−2，$\sqrt{2}$，$-\sqrt{2}$ などの数は、2乗すると正になる数であった。このように2乗して正になる数を実数という。それに対して、2乗しても正にならない数を "虚数" という。つまり、三角関数と指数関数は "虚数の世界" に入って、初めて "兄弟" であることがわかった（くわしくは第6章）。

　そして、オイラーの公式にもう1つ見慣れない数 "e" がある。eはオイラーが命名した数で、$e=2.718281828459\cdots$ という値をとる無理数である。この数があるおかげで、微分・積分の計算が楽になる。オイラーの公式によって、三角関数の計算が指数関数 e^{ix} の計算に変わり、微分・積分の計算がやさしくなるのである。

　さて、この章では、三角関数の兄弟にあたる指数関数、指数関数の逆の関数である対数関数を見ていくことにしよう。

何とも美しい式

オイラーの公式

i(虚数)の世界

$$e^{ix} = \cos x + i \sin x$$

指数関数　三角関数

ぼくたち兄弟だったんだね！

三角関数　指数関数

i の世界

オイラー
(1707〜1783)

三角関数、指数関数を結びつける非常に美しい上の公式を考え出した。e(=2.718…、無理数)も i もオイラーによって命名された。

3^0、3^{-2}の意味

～指数の拡張（1）～

　三角関数の兄弟である指数関数を見ていく前に、"指数"とはどのようなものか見ていくことにしよう。

　3^2は、2つの3をかけ算すること、つまり、$3^2=3\times 3$であると定義した。このとき、3の肩についている2を指数といい、3を底、そして、3^1, 3^2, 3^3, 3^4, … をまとめて、3の累乗という。

　ところがこの定義では、3^{-2}は3を−2個かけ算するという意味のわからないことになってしまう。そこで、別の定義の仕方を考える。指数の計算の中で大切なのは、次の3つの規則である。

　$a>0$、$b>0$ と自然数 m、n に対して、

(1) $a^m \times a^n = a^{m+n}$　　(2) $(a\times b)^n = a^n \times b^n$　　(3) $(a^m)^n = a^{m\times n}$

が成り立つ。この3つの式を指数法則という。今までは、指数は自然数であったが、この指数をマイナスの整数や分数などの数に拡張していくときには、この指数法則が成り立つように定義していく。

　はじめに、0乗を定義しよう。指数法則の（1）が成り立つとすると、$a^0 \times a^n = a^{0+n} = a^n$ となる。この式が成り立つためには、$a^0=1$ でなければならない。そこで、$a^0=1$ と定義する。

　次に、マイナス乗を定義しよう。指数法則の（1）が成り立つとすると、$a^n \times a^{-n} = a^{n+(-n)} = a^0 = 1$ となる。この式が成り立つためには、$a^{-n}=\dfrac{1}{a^n}$ でなければならない。そこで、$a^{-n}=\dfrac{1}{a^n}$ と定義する。

　このように定義すると、たとえば、$3^0=1$, $3^{-2}=\dfrac{1}{3^2}=\dfrac{1}{9}$ という計算が可能になる。

指数のきまり

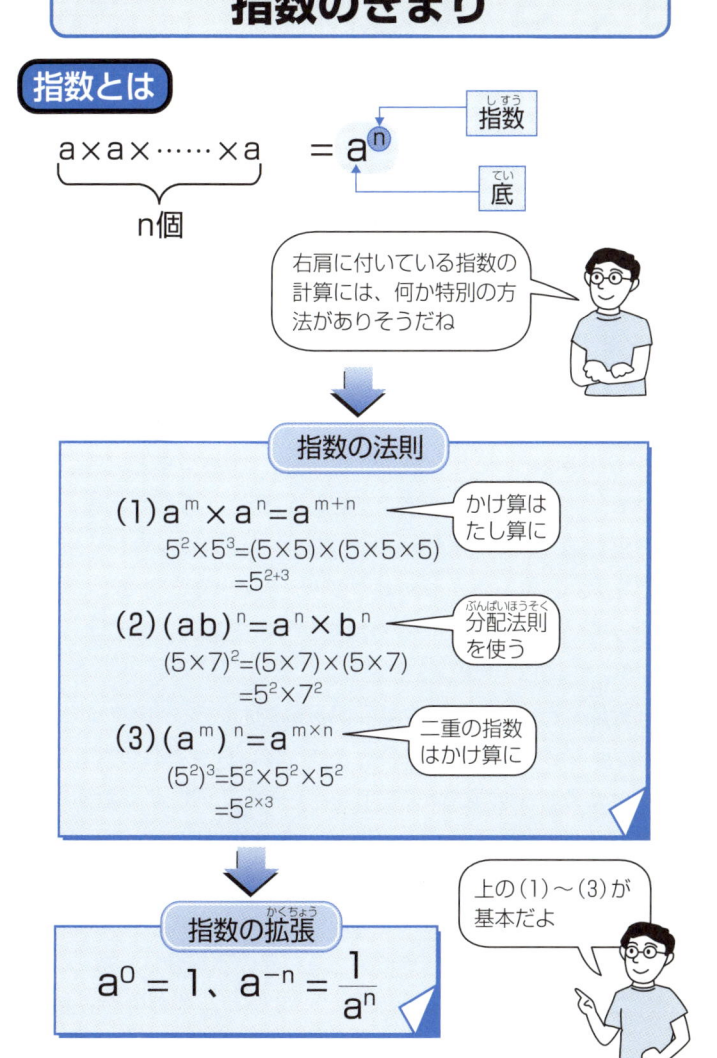

指数とは

$$\underbrace{a \times a \times \cdots \times a}_{n個} = a^n$$

- a^n の n → 指数
- a^n の a → 底

右肩に付いている指数の計算には、何か特別の方法がありそうだね

指数の法則

(1) $a^m \times a^n = a^{m+n}$ ← かけ算はたし算に

$5^2 \times 5^3 = (5 \times 5) \times (5 \times 5 \times 5)$
$= 5^{2+3}$

(2) $(ab)^n = a^n \times b^n$ ← 分配法則を使う

$(5 \times 7)^2 = (5 \times 7) \times (5 \times 7)$
$= 5^2 \times 7^2$

(3) $(a^m)^n = a^{m \times n}$ ← 二重の指数はかけ算に

$(5^2)^3 = 5^2 \times 5^2 \times 5^2$
$= 5^{2 \times 3}$

指数の拡張

$$a^0 = 1、a^{-n} = \frac{1}{a^n}$$

上の(1)～(3)が基本だよ

$3^{\frac{1}{2}}$、$3^{\sqrt{2}}$の意味

～指数の拡張（2）～

前項で、$3^0=1$、$3^{-2}=\frac{1}{9}$ であることを見てきた。この項では、$3^{\frac{1}{2}}$、$3^{\sqrt{2}}$ がどのような数かを見ていこう。

前項と同様に、次の指数法則が成り立つように指数を定義していくと、指数の範囲を拡張することができる。

$a>0$、$b>0$ と整数 m、n に対して、次の式が成り立つ。

(1) $a^m \times a^n = a^{m+n}$　　(2) $(a \times b)^n = a^n \times b^n$　　(3) $(a^m)^n = a^{m \times n}$

まずは、分数乗を定義しよう。指数法則（3）が成り立つとすると、$(a^{\frac{1}{n}})^n = a^{\frac{1}{n} \times n} = a$ となる。つまり、$a^{\frac{1}{n}}$ は n 乗すると a になる数と定義する。そうすると、$3^{\frac{1}{2}}$ は、2乗すると3になる数である。ここで、平方根の項（36ページ）をふり返ってみると、2乗して3になる正の数を $\sqrt{3}$ と書いた。つまり、$3^{\frac{1}{2}} = \sqrt{3}$ である。この $\sqrt{}$ の書き方を使って、3乗すると3になる数を、$\sqrt[3]{3}$ と書く。同じように、4乗して3になる正の数を $\sqrt[4]{3}$ と書く。

一般に、n が奇数のときは、実数 a に対して、n 乗すると a になる数を $\sqrt[n]{a}$ で表す。n が偶数のときは、$\sqrt[n]{}$ の中が負の数になることがないため、正の実数 a に対して、n 乗して正になる数を $\sqrt[n]{a}$ で表す。したがって、$a^{\frac{1}{n}} = \sqrt[n]{a}$ である。そして、この式の両辺を m 乗すると、$a^{\frac{m}{n}} = \sqrt[n]{a^m}$ が成り立つ。

最後に、$3^{\sqrt{2}}$ の定義である。$\sqrt{2}=1.41421356\cdots$ であるので、$3^{1.4}=3^{\frac{14}{10}}$、$3^{1.41}=3^{\frac{141}{100}}$、$3^{1.412}=3^{\frac{1412}{1000}}$、$\cdots$ という具合に、数の列を作ると、この数はある1つの数に近づいていく。その近づく値を $3^{\sqrt{2}}$ と定義する。この場合にも、指数法則は満たされる。

いろいろな指数

指数の拡張のまとめ

① $a^0 = 1$

$a^0 \times a^n = a^{0+n} = a^n$
よって、$a^0 = 1$

$\boxed{a^0} \times a^n = a^n$

aは1個もかけていない

↓

$a^0 = 1$

② $a^{-n} = \dfrac{1}{a^n}$

$a^{-n} \times a^n = a^0 = 1$
よって、$a^{-n} = \dfrac{1}{a^n}$

負の指数は分数に

分数ハット

マイナス

③ $a^{\frac{m}{n}} = \sqrt[n]{a^m}$

$(a^{\frac{m}{n}})^n = a^m$
$a^{\frac{m}{n}}$はn乗してa^mになる数

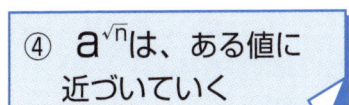

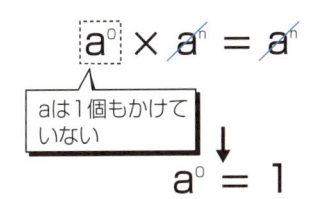

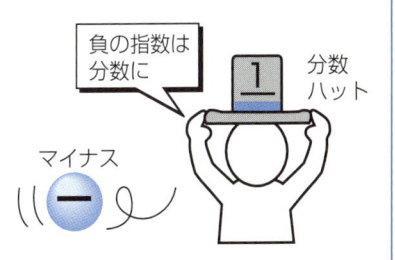

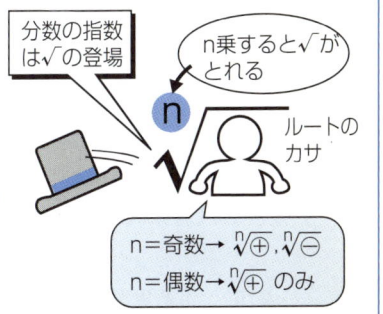

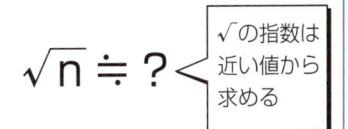

分数の指数は√の登場

n乗すると√がとれる

ルートのカサ

n=奇数→ $\sqrt[n]{\oplus}, \sqrt[n]{\ominus}$
n=偶数→ $\sqrt[n]{\oplus}$ のみ

④ $a^{\sqrt{n}}$は、ある値に近づいていく

$\sqrt{n} \fallingdotseq ?$

√の指数は近い値から求める

急激に増加する関数

～指数関数の定義～

前項までで、a＞0のとき、実数xに対してa^{x}という数が1つ決まるように、指数xを定義してきた。1つの値xに対してただ1つの値yが決まるとき、yはxの関数といったので、y＝a^{x}は関数である。そこで、a＞0、a≠1のとき、y＝a^{x}をaを底とする指数関数という。

関数ならば、グラフに表すことができる。たとえばy＝2^{x}のグラフを描くには、xに数を代入して、yの値を求め、それらの値をx座標、y座標にもつ点を座標平面上にとり、それらの点を線で結ぶ。すると、図1のようなグラフになる。このグラフを見ると、xの値はすべての実数をとることができるが、yの値は正の実数しかとれない。また、xの値が増加するとyの値も増加する。このような関数を増加関数という。xの値が0より大きくなると、増加の仕方が急激である。x軸が漸近線（122ページ）となり、グラフは、点（0,1）を必ず通る。

次に、y＝($\frac{1}{2}$)^{x}のグラフを描くと、図2のようになる。

この場合も、xは実数全体、yは正の実数をとる。xの値が増加するとyの値は減少する。このような関数を減少関数という。また、この場合もx軸が漸近線になり、グラフも点（0,1）を通る。

一般に、指数関数y＝a^{x}の性質は

(1) xの値はすべての実数をとり、yの値は正の実数をとる。
(2) a＞1のときは、関数y＝a^{x}は増加関数であり、
　　0＜a＜1のときは、減少関数である。
(3) x軸が漸近線である。
(4) グラフは、点（0,1）を通る。

指数も関数になる

指数関数のグラフとその特徴

(例) $y=2^x$ と $y=\left(\dfrac{1}{2}\right)^x$ のグラフ

前項の法則を利用して、xに数を代入してyを求める

$y=2^x$

x	⋯	-2	-1	0	1	2	⋯
y	⋯	$\dfrac{1}{4}$	$\dfrac{1}{2}$	1	2	4	⋯

$y=\left(\dfrac{1}{2}\right)^x$

x	⋯	-2	-1	0	1	2	⋯
y	⋯	4	2	1	$\dfrac{1}{2}$	$\dfrac{1}{4}$	⋯

$y=a^x$ のグラフの特徴

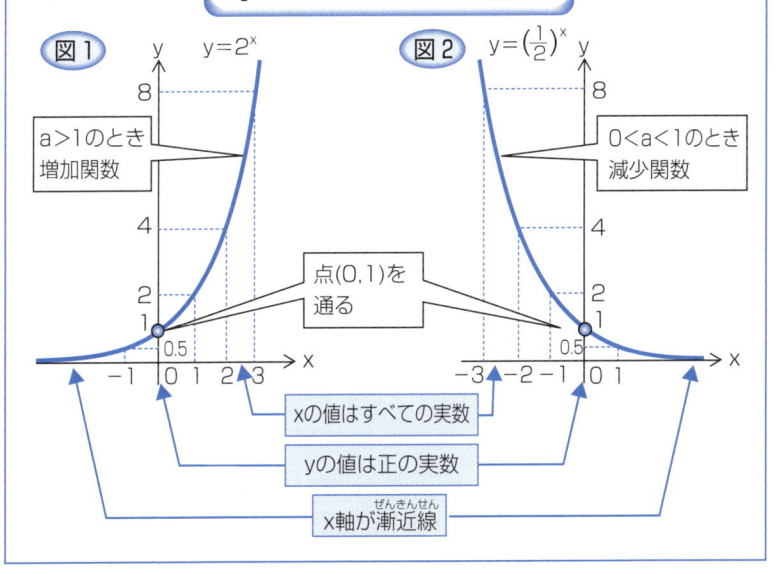

図1 $y=2^x$

図2 $y=\left(\dfrac{1}{2}\right)^x$

a>1のとき 増加関数

0<a<1のとき 減少関数

点(0,1)を通る

xの値はすべての実数

yの値は正の実数

x軸が漸近線(ぜんきんせん)

かけ算を足し算にする

〜対数の定義〜

指数関数 $y = a^x$（$a>0$、$a \neq 1$）では、xの値pに対してyの値Mがただ1つ定まる。つまり、$M = a^p$（$M>0$）であった。今度はその逆を考え、指数関数 $y = a^x$ のyの値Mに対して、xの値pを対応させる。このとき、Mに対応する値pを $\log_a M$ と書く。

このp＝$\log_a M$ を、aを底とするMの対数という。また、この正の数Mを $\log_a M$ の真数という。つまり、底aを $\log_a M$ 乗するとMになる数ということだ。

指数法則などの指数に関する性質から、対数の性質を導くことができる。$a>0$、$a \neq 1$ とする。

$1 = a^0$ であるから、$\log_a 1 = 0$ であり、

$a = a^1$ であるから $\log_a a = 1$ が成り立つ。

$M>0$、$N>0$ で、kは実数とするとき、次の式が成り立つ。

1. $\log_a MN = \log_a M + \log_a N$
2. $\log_a \dfrac{M}{N} = \log_a M - \log_a N$
3. $\log_a M^k = k \log_a M$

これらの性質は非常に重要で、指数関数の指数法則に匹敵する。この性質から、かけ算が足し算、割り算が引き算になることがわかる。このことを利用し、面倒なかけ算、割り算を、簡単な足し算、引き算に換えることができる。対数は、1590年頃にイギリスのジョン・ネーピアが考えた。当時は天文学の研究が盛んで、非常に大きな数の計算が必要であった。1つの計算をするのに膨大な時間がかかったが、この"対数"の発見で、計算が非常に楽になったといわれている。ちなみに、logはlogarithm（対数の意）の略である。

対数のきまり

対数と指数

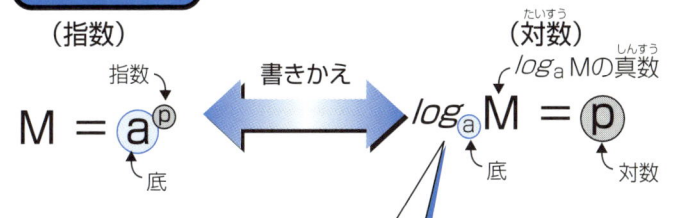

(指数)　　　　書きかえ　　　　(対数)
　　　　　　　　　　　　　　　$log_a M$ の真数

$$M = a^p \quad \longleftrightarrow \quad log_a M = p$$

（指数、底／底、対数）

ジョン・ネーピア
(1550～1617)

logはlogarithmの略。ギリシア語のlogos（比）、arithmos（数）を合わせた造語で「比例する数」という意味。

対数の性質

かけ算 → 足し算
1. $log_a MN = log_a M + log_a N$

割り算 → ひき算
2. $log_a \dfrac{M}{N} = log_a M - log_a N$

真数の右肩 → 対数の前に出る
3. $log_a M^k = k \, log_a M$

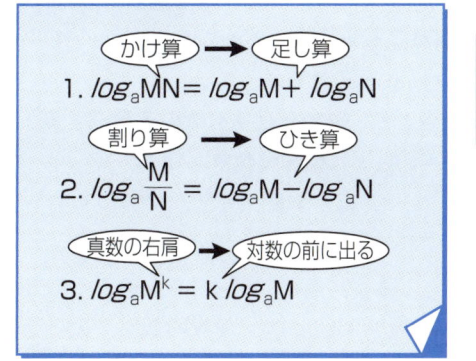

指数と対数はパズルみたいだね。これらの性質は指数法則から導けるんだ。

ゆっくりと増加する関数

～対数関数の定義～

aを1と異なる正の定数とするとき、$y = \log_a x$ は x の1つの値に対して y の値がただ1つだけ決まるから、$y = \log_a x$ は x の関数である。この $y = \log_a x$ を、a を底とする対数関数という。

例として、$y = \log_2 x$ のグラフを描いてみよう。x に数を代入して、y の値を求め、それらの値を x 座標、y 座標にもつ点を座標平面上にとり、それらの点を線で結ぶ。すると、図1のようなグラフになる。このグラフを見ると、x は正の実数しかとれないが、y はすべての実数をとることができる。また、x の値が増加すると y の値も増加するので、増加関数である。y 軸が漸近線となり、グラフは、点 (1,0) を必ず通る。

次に、$y = \log_{\frac{1}{2}} x$ のグラフを描くと、図2のようになる。この場合も、x は正の実数、y は実数全体をとる。x の値が増加すると y の値は減少するので、減少関数である。また、y 軸が漸近線になり、グラフが点 (1,0) を通ることも同様である。

一般に、対数関数 $y = \log_a x$ の性質は

(1) x の値は正の実数をとり、y の値はすべての実数をとる。
(2) a>1のときは、$y = \log_a x$ は増加関数であり、
    0<a<1のときは、$y = \log_a x$ は減少関数である。
(3) y 軸を漸近線としている。
(4) グラフは点 (1,0) を通る。また、171ページのグラフと見比べると、対数関数 $y = \log_a x$ は、指数関数 $y = a^x$ と、直線 $y = x$ に関して対称である。

対数も関数になる

対数関数 y=log_a x のグラフとその特徴

（例）$y = \log_2 x$ と $y = \log_{\frac{1}{2}} x$ のグラフ

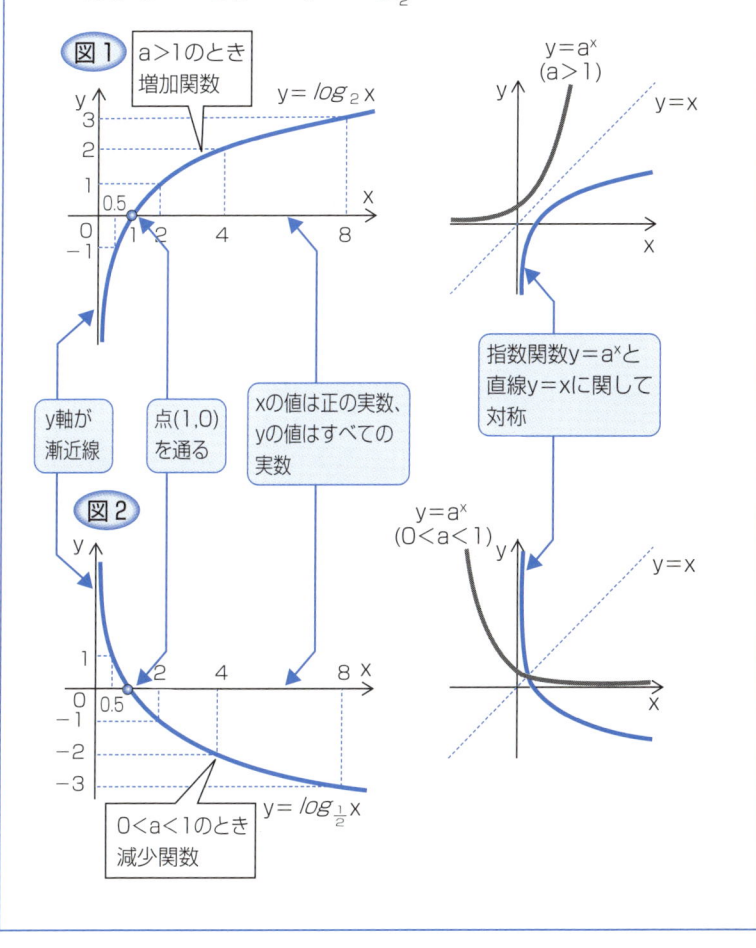

図1

a>1のとき増加関数

$y = \log_2 x$

図2

$y = \log_{\frac{1}{2}} x$

0<a<1のとき減少関数

- y軸が漸近線
- 点(1,0)を通る
- xの値は正の実数、yの値はすべての実数
- 指数関数 $y = a^x$ と直線 $y = x$ に関して対称

$y = a^x$ (a>1)

$y = x$

$y = a^x$ (0<a<1)

$y = x$

微分すると分数に

〜対数関数の微分〜

指数関数、対数関数というからには、これらも微分できる（導関数を求められる）はずである。172ページの対数の性質も利用して、対数関数の導関数を求めてみよう。

$$(\log_a x)' = \lim_{h \to 0} \frac{\log_a(x+h) - \log_a x}{h} = \lim_{h \to 0} \frac{\log_a(\frac{x+h}{x})}{h}$$

$$= \lim_{h \to 0} \frac{1}{x} \cdot \frac{x}{h} \log_a(1+\frac{h}{x}) = \frac{1}{x} \lim_{h \to 0} \log_a(1+\frac{h}{x})^{\frac{x}{h}}$$

ここで、$\frac{x}{h} = k$とおくと、$h \to 0$のとき$k \to \infty$（hが0に近づくと、kはどんどん大きくなる）だから

$$(\log_a x)' = \frac{1}{x} \lim_{k \to \infty} \log_a(1+\frac{1}{k})^k$$

ここで、logを別にして考えよう。$(1+\frac{1}{k})^k$のkを限りなく大きくすると、$(1+\frac{1}{k})^k$はある一定の数に近づく。その数をeとおく。eは無理数で、その値は$e = 2.718281\cdots$となり、次の式が導かれる。

$$(\log_a x)' = \frac{1}{x} \lim_{k \to \infty} \log_a(1+\frac{1}{k})^k = \frac{1}{x} \log_a e$$

特に、底aをeにすれば、$\log_e e = 1$だから、$(\log_e x)' = \frac{1}{x} \log_e e = \frac{1}{x}$

である。

eを底とする対数$\log_e x$を自然対数といい、底eを省略して$\log x$と書くことが多い。そして、eのことを自然対数の底という。

eの登場

eとは

まかせとけ！

対数関数の微分の話には欠かせない存在。
正しくは、2.71828…という無理数のこと。
別名、自然対数の底。

〈eの求め方〉

$\lim_{k \to \infty} \left(1 + \dfrac{1}{k}\right)^k$ において、kを限りなく大きくしていく。

k	$(1+1/k)^k$
10	2.59374246…
100	2.704813829…
1000	2.716923932…
10000	2.718145927…
100000	2.718268237…
1000000	2.718280469…
10000000	2.718281694…
100000000	2.718281786…

この値に近づく……… e=2.718281828…

これがボク！

対数の導関数

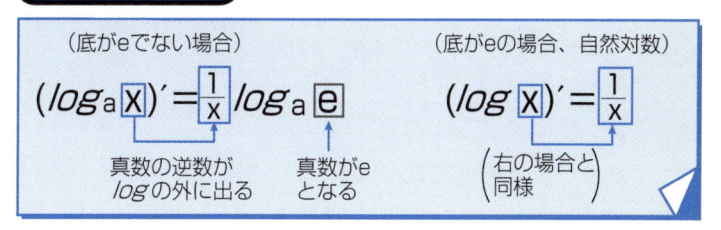

（底がeでない場合）

$(\log_a \boxed{x})' = \boxed{\dfrac{1}{x}} \log_a \boxed{e}$

真数の逆数が*log*の外に出る　　真数がeとなる

（底がeの場合、自然対数）

$(\log \boxed{x})' = \boxed{\dfrac{1}{x}}$

（右の場合と同様）

微分しても変わらない関数

～指数関数の微分～

前項では対数関数の導関数を求めたので、ここでは指数関数の導関数を求めることにしよう。このための準備として、はじめに合成関数の導関数を求めよう。

いま、2つの関数y＝f(u)、u＝g(x)があるとき、後者の式を前者の式に代入してできる関数f(g(x))を合成関数という。合成関数f(g(x))の導関数は、{f(g(x))}′＝f′(u)g′(x)である。この式より、合成関数f(g(x))の導関数は、f(u)をuで微分し、g(x)をxで微分して得られる2つの導関数をかけ合わせるとできることがわかる。これを合成関数の微分法という。合成関数の微分法は、複雑な関数を微分するときに利用される。

それでは合成関数の微分法を利用して、指数関数の導関数を求めよう。f(x)＝a^xの両辺の自然対数をとると、対数の性質から指数のxが*log*の前にうつり、微分しやすくなる。つまり、*log*f(x)＝*log*a^xだから*log*f(x)＝x *log*aである。

さて、y＝f(x)とおくと、左辺の*log*f(x)は、*log*yとy＝f(x)の合成関数になっている。そこでまず、*log*yをyで微分し、y＝f(x)をxで微分してから、その2つをかけ合わせる。一方、右辺もxで微分すると、*log*aは実数だから(x *log*a)′＝*log*a。したがって、

$$\frac{1}{y} \times f'(x) = \log a \quad \text{よって、} f'(x) = y \log a = a^x \log a$$

これらのことから、$(a^x)'$＝a^x *log*aであることがわかった。特に、a＝eであるとき、*log*e＝1であるから、$(e^x)'$＝e^xとなり、指数関数y＝e^xは何回微分しても変わらない関数である。

合成関数と微分

合成関数とは

$$f\bigl(g(x)\bigr)$$

関数f(u)の変数部分が、さらに関数!?
つまり、関数の入れ子状態になっている。

微分すると…

合成関数の導関数

$$\{f\bigl(g(x)\bigr)\}' = f'(u)g'(x)$$

2つの関数をそれぞれの変数で微分し、それをかけ合わせたもの

ナルホド

こうすれば複雑な式も微分しやすくなるね!

対数の導関数

上の合成関数の微分を利用して、次のように導くことができる。

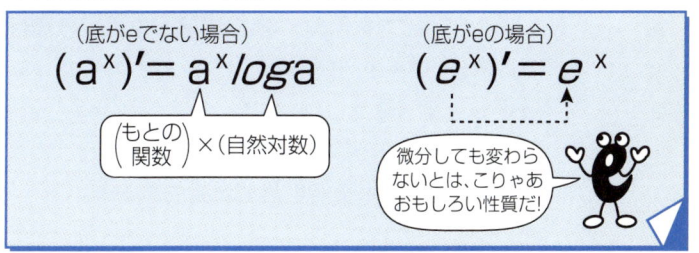

（底がeでない場合）

$$(a^x)' = a^x \log a$$

（もとの関数）×（自然対数）

（底がeの場合）

$$(e^x)' = e^x$$

微分しても変わらないとは、こりゃあおもしろい性質だ!

e^xを無限個の x^n の和で表す

〜e^xのべき級数展開〜

前項で、指数関数の導関数を求めたので、ここではe^xを無限個のx^nの和で表そう。三角関数のときと同じに、

$e^x = a_0 + a_1 x + a_2 x^2 + a_3 x^3 + a_4 x^4 + \cdots$　…①

とおき、a_0、a_1、a_2、a_3、… を求める。

まず、①で$x=0$を代入すると

$e^0 = a_0 + a_1 \cdot 0 + a_2 \cdot 0^2 + a_3 \cdot 0^3 + a_4 \cdot 0^4 + \cdots$

であり、左辺$=e^0=1$、右辺$=a_0$であるから、$a_0=1$。

次に、①の両辺をxで微分する。前項より $(e^x)' = e^x$ だから

$e^x = 0 + a_1 + 2a_2 x + 3a_3 x^2 + 4a_4 x^3 + 5a_5 x^4 + \cdots$　…②

$x=0$を代入すると左辺$=e^0=1$、右辺$=a_1$であるから、$a_1=1$。

さらに、②の両辺をxで微分すると、

$e^x = 0 + 2a_2 + 2 \cdot 3 a_3 x + 3 \cdot 4 a_4 x^2 + 4 \cdot 5 a_5 x^3 \cdots$　…③

$x=0$を代入すると、左辺$=e^0=1$、右辺$=2a_2$であるから、$a_2=\frac{1}{2}$である。さらに、③の両辺をxで微分すると、

$e^x = 0 + 2 \cdot 3 a_3 + 2 \cdot 3 \cdot 4 a_4 x + 3 \cdot 4 \cdot 5 a_5 x^2 \cdots$　…④

$x=0$ を代入すると、左辺$=e^0=1$、右辺$=2 \cdot 3 a_3$であるから、$a_3=\frac{1}{6}$である。この「xに0を代入、次にxで微分」という操作を続けていく。ここで、$1 \cdot 2 = 2!$、$1 \cdot 2 \cdot 3 = 3!$、$1 \cdot 2 \cdot 3 \cdot 4 = 4!$、…、$1 \cdot 2 \cdot 3 \cdots n = n!$ と書くことにすると、$a_4 = \frac{1}{4!}$、$a_5 = \frac{1}{5!}$、$a_6 = \frac{1}{6!}$、…と次々に求めていくことができる。

よって、次のようなe^xのべき級数展開(きゅうすうてんかい)が完成する。

$$e^x = 1 + x + \frac{1}{2!} x^2 + \frac{1}{3!} x^3 + \frac{1}{4!} x^4 + \cdots + \frac{1}{n!} x^n + \cdots$$

微分ができたらべき級数へ

e^x のべき級数展開

目標 $e^x = a_0 + a_1 x + a_2 x^2 + a_3 x^3 + a_4 x^4 + \cdots$

操作① $x=0$ とおく。 …右辺は定数項のみになる
操作② 両辺を微分する。 …$(e^x)'=e^x$ の利用

これをくり返すと、

$a_0 = 1$, $a_1 = 1$, $a_2 = \dfrac{1}{1 \cdot 2}$, $a_3 = \dfrac{1}{1 \cdot 2 \cdot 3}$,

$a_4 = \dfrac{1}{1 \cdot 2 \cdot 3 \cdot 4}$, $\cdots$ $a_n = \dfrac{1}{n!}$, $\cdots$

よって、

$$e^x = 1 + x + \frac{1}{2!}x^2 + \frac{1}{3!}x^3 + \frac{1}{4!}x^4 + \cdots + \frac{1}{n!}x^n + \cdots$$

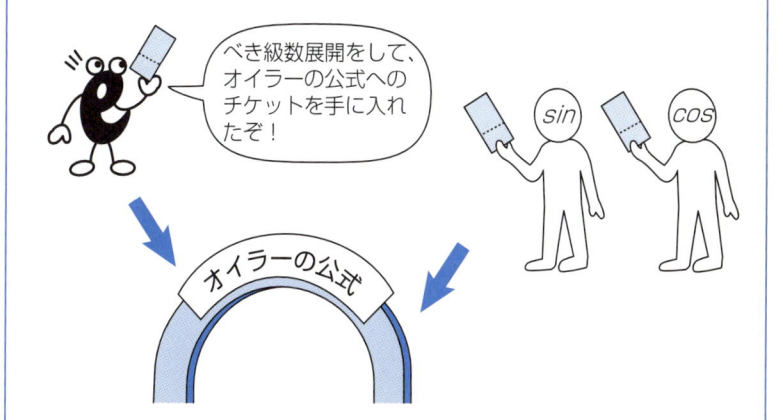

べき級数展開をして、オイラーの公式へのチケットを手に入れたぞ！

オイラーの公式

《双曲線関数》

y= *sinh* x

y= *cosh* x

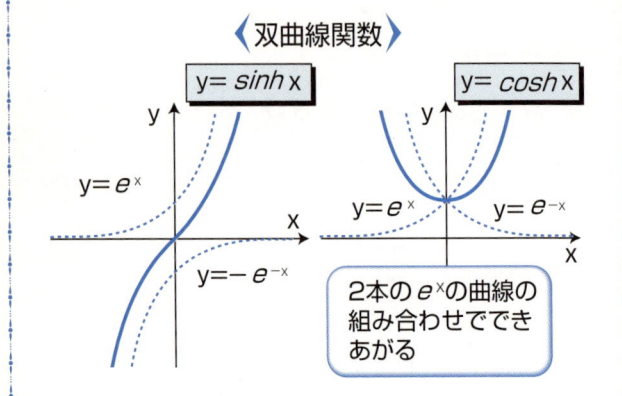

2本の e^x の曲線の組み合わせでできあがる

三角関数の仲間

三角関数と似た性質をもつ関数が、指数関数から作れることを紹介しよう。

$$sinh\, x = \frac{e^x - e^{-x}}{2}\ 、cosh\, x = \frac{e^x + e^{-x}}{2}$$

とおいて、前者をハイパボリックサイン(hyperbolic sine)、後者をハイパボリックコサイン(hyperbolic cosine)という。

簡単な計算から、$sin^2 x + cos^2 x = 1$ に似た性質 $cosh^2 x - sinh^2 x = 1$ や、三角関数の微分と似た性質 $(sinh\, x)' = cosh\, x$、$(cosh\, x)' = sinh\, x$ が成り立つことがわかる。また、$x = cos\,\theta$、$y = sin\,\theta$ とおくと点P(x, y)は円を描くが、$y = cosh\,\theta$、$y = sinh\,\theta$ とおくと点P(x, y)は双曲線を描く。

$y = sinh\, x$、$y = cosh\, x$ を双曲線関数という。

Chapter 6

三角関数と指数関数の出会い

2乗すると負になる数

〜虚数単位 i 〜

第4章で微分積分の世界に入り、第5章で指数関数を見てきた。さて、オイラーの公式において三角関数と指数関数が出会うには、さらに i の世界に入らなければならない。この章では i の世界に入って、三角関数と指数関数の出会う所を目指して話を進めていこう。

まずは、i とは何かから見ていこう。i とは、2乗して -1 になる数を表す。つまり、$i^2=-1$ である。現在では、2乗して負になる数を純虚数と呼んでいる。純虚数は虚数の一部である。虚数は、2次方程式を解く問題で現れた。たとえば、$x^2+2=0$ の解を求めるとき、$x^2=-2$ と変形すると、x は2乗して -2 になる数である。ところが16世紀以前は、2乗して負になる数は存在しないとして数の仲間に入れなかった。16世紀になって、イタリアのカルダーノが彼の著書の中で、2乗して -1 になる数を $\sqrt{-1}$ と表した。その後、3次方程式の解法から虚数の解明が進められた。18世紀に、オイラーによって $\sqrt{-1}$ を i で表すことが提唱され、虚数が関数論で基本的な役割を果たすことが認識され始めた。そして19世紀前半に、ガウスによって実数と虚数を含めた複素数が平面上の点として表された。このことにより、虚数の性質が明確になり、虚数は数として完全に認知されるに至った。

それでは、2乗して -2 になる数はどのように表されるか。$(\sqrt{2}\,i)^2=\sqrt{2}^2 \times i^2 = 2 \times (-1) = -2$ であるから、$\sqrt{2}\,i$ が2乗して -2 になる数である。このようにすれば、2乗して負になる数をすべて i で表すことができる。そこで、i のことを虚数単位と呼ぶ。

虚数も数の仲間

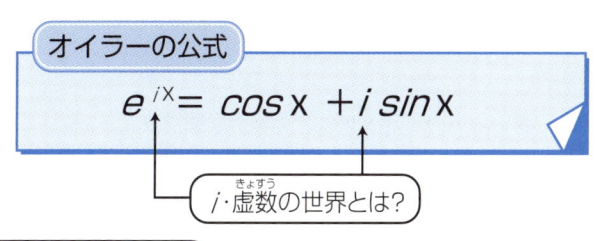

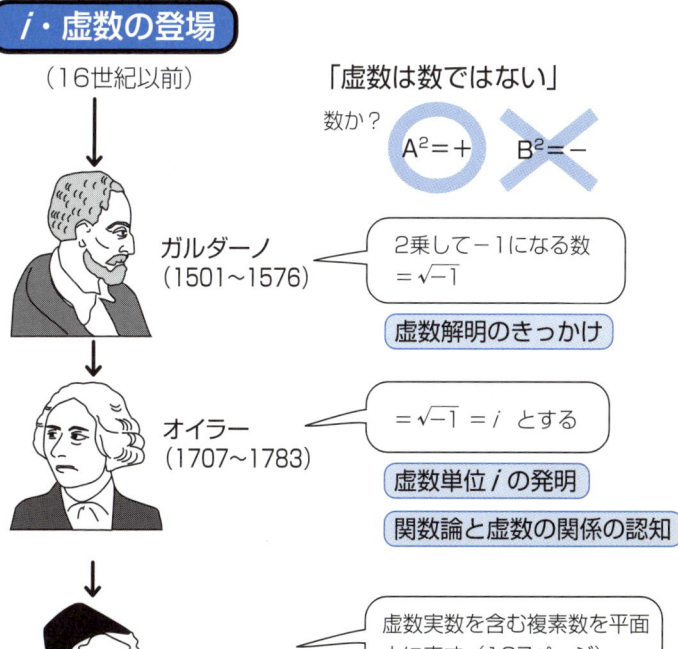

オイラーの公式

$$e^{ix} = \cos x + i \sin x$$

i・虚数の世界とは?

i・虚数の登場

(16世紀以前)

「虚数は数ではない」

数か？ $A^2 = +$ ○ $B^2 = -$ ×

ガルダーノ
(1501～1576)

2乗して−1になる数
= $\sqrt{-1}$

虚数解明のきっかけ

オイラー
(1707～1783)

= $\sqrt{-1}$ = i とする

虚数単位 i の発明

関数論と虚数の関係の認知

ガウス
(1777～1855)

虚数実数を含む複素数を平面上に表す（187ページ）

「虚数は数の仲間である」

2つの数からなる1つの数

～複素数～

前項では、2乗して−1になる数 i を使うと、2乗して負になる数（純虚数）は、すべて bi（b は実数）と表せることを見てきた。そこで、$a+bi$（a、b は実数）という形をした"数"を考える。$a=0$ ならば、$0+bi=bi$ となり純虚数になる。$b=0$ ならば、$a+0i=a$ となり実数になる。つまり、$a+bi$ という数は、実数や純虚数を含む数である。これを複素数という。そして、$b\neq0$ である複素数 $a+bi$ を虚数という。a を実部、b を虚部と呼んでいる。

次に、複素数をどのように表すかを考えよう。40ページで見てきたように、実数は直線上の点と1対1に対応するので、直線上の点を実数とみなすことができた。複素数は、実部 a と虚部 b の2つの実数を組み合わせて $a+bi$ という形でできている。一方、平面上の点も2つの実数の組（a, b）で表すことができる（94ページ）。そこで、複素数 $z=a+bi$ に対して平面上の点P(a, b) を対応させる。これによって、複素数 z と平面上の点Pが1対1に対応するので、複素数を平面上の点と同一視することができる。このような平面を「複素数平面」または「ガウス平面」という。複素数 $z=a+bi$ を点（a, b）とみなすので、点 z といういい方もする。

$a+bi$ で実部 a が点の x 座標を表し、虚部 b が点の y 座標を表すので、x 軸を実軸、y 軸を虚軸という。実軸は今までの実数を表す直線で、「実数の世界」を表している。実軸から離れると、虚部が現れ「虚数の世界」に入る。実数の世界では関係がないと思われていた三角関数と指数関数が、虚数の世界に入ると見事に結ばれて、美しい調和を見ることができる。

数の世界の広がり

i・虚数の登場

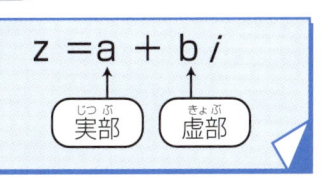

$$z = a + bi$$

- a:実部(じつぶ)
- b:虚部(きょぶ)

複素数(ふくそすう)

虚数:$a + bi$ ($b \neq 0$)

- 実数(じっすう):a ($b=0$)
- 純虚数(じゅんきょすう):bi ($a=0$)

実数の範囲を超えることで、数学の世界が一気に広がるよ!

複素数平面(ガウス平面)

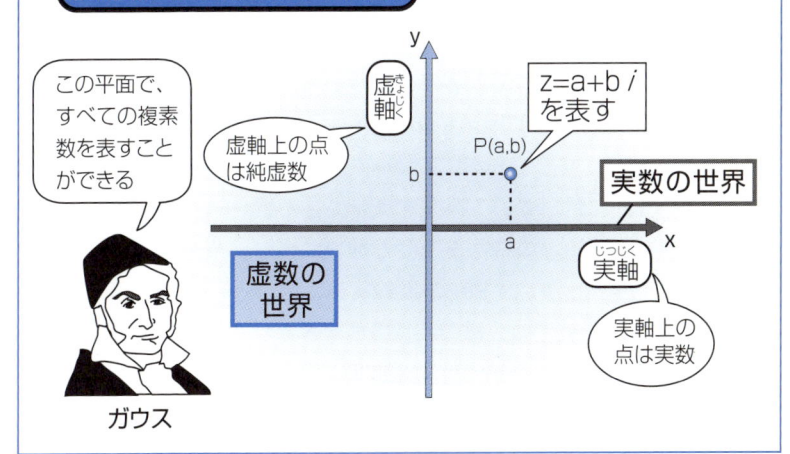

この平面で、すべての複素数を表すことができる

- 虚軸(きょじく)上の点は純虚数
- 実軸(じつじく)上の点は実数
- $z = a + bi$ を表す $P(a, b)$
- 実数の世界
- 虚数の世界

ガウス

*i*の世界のカケヒキ

～複素数の四則演算～

前項では、複素数を平面上の点と対応させて、複素数を目で見えるようにした。さて、次に複素数の足し算、引き算、かけ算、割り算はどのようなものか見ていこう。計算規則は、*i*を今までの文字と同じように扱って、i^2になったら、－1とする。

たとえば、z＝－1＋2*i*、w＝1＋*i*とおくと、

z＋w＝(－1＋2*i*)＋(1＋*i*)＝－1＋1＋2*i*＋*i*＝3*i*

z－w＝(－1＋2*i*)－(1＋*i*)＝－1－1＋2*i*－*i*＝－2＋*i*

z×w＝(－1＋2*i*)(1＋*i*)＝－1×1－1×*i*＋2*i*×1＋2*i*×*i*

  ＝－1－*i*＋2*i*＋2i^2＝－1－*i*＋2*i*＋2×(－1)＝－3＋*i*

$$z \div w = \frac{-1+2i}{1+i} = \frac{(-1+2i)(1-i)}{(1+i)(1-i)} = \frac{-1+i+2i-2i^2}{1-i+i-i^2}$$

$$= \frac{-1+i+2i-2\times(-1)}{1-i+i-(-1)} = \frac{1+3i}{2}$$

という具合に計算する。割り算が少し複雑だが、まず分数の形に直し、(a＋b*i*)(a－b*i*)＝a^2－ab*i*＋ab*i*－b^2i^2＝a^2－b^2i^2＝a^2＋b^2であることを利用して、分母の*i*をなくす。そこで、この計算では、分母の1＋*i*の*i*に付いている符号を反対にした数1－*i*を、分母分子にかけ算する。この*i*の符号を変えた数、つまり、複素数a＋b*i*に対する複素数a－b*i*を、a＋b*i*の共役複素数という。結局、虚数の割り算では、分母分子に分母の共役複素数をかけることが重要である。

また、これらの計算は右図のような平面上の点の移動を意味している。計算の結果と点の移動の様子を見比べてみよう。

複素数の計算と点の移動

($z=-1+2i$, $w=1+i$ とする。)

足し算と引き算

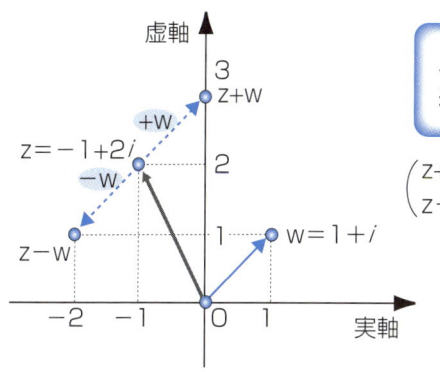

点の平行移動を表す。

$\begin{pmatrix} z+w：+wの方向へ平行移動。\\ z-w：-wの方向へ平行移動。 \end{pmatrix}$

かけ算と割り算

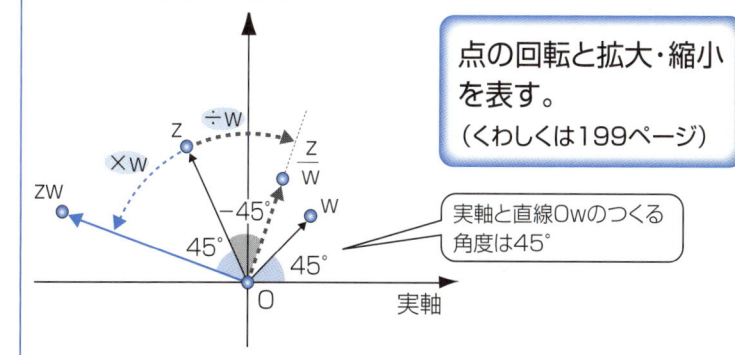

点の回転と拡大・縮小を表す。
（くわしくは199ページ）

実軸と直線Owのつくる角度は45°

$\begin{pmatrix} zw：45°の回転と原点Oからの距離の拡大 \\ \dfrac{z}{w}：-45°の回転と原点Oからの距離の縮小 \end{pmatrix}$

i の世界の sin

～複素数に対する sin の値～

いままでは、関数 $y = f(x)$ において変数 x、y はともに実数であった。ところが、オイラーの公式では i が現れるので、変数として複素数の範囲まで考えなくてはならない。

しかし、$\sin i$ などとしても意味がわからない。そこで、$\sin x$ のべき級数展開（156ページ）を利用する。実数の範囲では、

$$\sin x = x - \frac{1}{3!}x^3 + \frac{1}{5!}x^5 - \frac{1}{7!}x^7 + \cdots + \frac{(-1)^n}{(2n+1)!}x^{2n+1} + \cdots$$

であった。この右辺は、x^n の式なので、x に i を代入しても意味がわかる。たとえば、$i^3 = i^2 \times i = -i$、$i^5 = i^4 \times i = i$、$i^7 = i^4 \times i^3 = -i$、$i^{2n+1} = i^{2n} \times i = (-1)^n \times i$ であるから、右辺の x に i を代入すると

$$i - \frac{1}{3!}i^3 + \frac{1}{5!}i^5 - \frac{1}{7!}i^7 + \cdots + \frac{(-1)^n}{(2n+1)!}i^{2n+1} + \cdots$$

$$= i + \frac{1}{3!}i + \frac{1}{5!}i + \frac{1}{7!}i + \cdots + \frac{(-1)^n}{(2n+1)!}(-1)^n i + \cdots$$

$$= (1 + \frac{1}{3!} + \frac{1}{5!} + \frac{1}{7!} + \cdots + \frac{1}{(2n+1)!} + \cdots)i$$

ここで、$1 + \frac{1}{3!} + \frac{1}{5!} + \frac{1}{7!} + \frac{1}{9!} + \frac{1}{11!}$ までを計算してみると

1.17520119…となる。この計算を続けるとある値に近づく。この値に i をかけたものを、$\sin i$ としてはどうだろうか。このように、$\sin x$ のべき級数展開の式の x に複素数 i を代入して、その値を $\sin i$ の値にすればよいのではないか。次項で $\sin z$ の定義をしよう。

べき級数展開の利用

sin の範囲を複素数へ

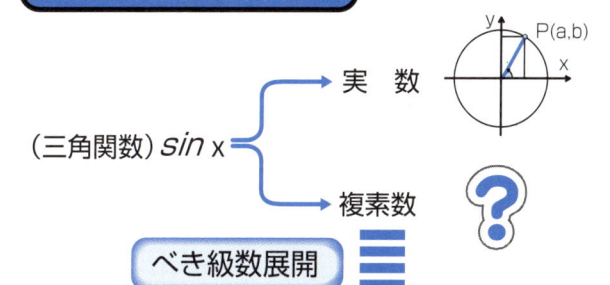

(三角関数) $sin\ x$ → 実数 / 複素数

べき級数展開

$$sin\ x = x - \frac{1}{3!}x^3 + \frac{1}{5!}x^5 - \frac{1}{7!}x^7 + \cdots + \frac{(-1)^n}{(2n+1)!}x^{2n+1} + \cdots$$

x を i とおくと、

$$sin\ i = (1 + \frac{1}{3!} + \frac{1}{5!} + \frac{1}{7!} + \cdots\cdots \frac{1}{(2n+1)!} + \cdots)i$$

$1 + \frac{1}{3!}$	1.16666666…
$1 + \frac{1}{3!} + \frac{1}{5!}$	1.175
$1 + \frac{1}{3!} + \frac{1}{5!} + \frac{1}{7!}$	1.17519841…
$1 + \frac{1}{3!} + \frac{1}{5!} + \frac{1}{7!} + \frac{1}{9!}$	1.17520116…
$1 + \frac{1}{3!} + \frac{1}{5!} + \frac{1}{7!} + \frac{1}{9!} + \frac{1}{11!}$	1.17520119…

↓ 1.17520119…に近づく

$sin\ i =$ 1.17520119… i とする。(次項へ)

複素数と三角関数

〜複素関数としての$sin\ z$〜

第3章の三角関数では、実数 x に対する$sin\ x$について単位円を使って半弦の長さで定義してきた。しかし、これから複素数 z に対して$sin\ z$を考えるとき、半弦の長さでは$sin\ z$の意味がわからない。たとえば、$z=i$とすると、$sin\ i$は、半弦の長さでは定義できない。

前項で見たように、実数 x に対して、$sin\ x$をべき級数展開して、x に i を代入すると、右辺はi^nの式なので、その値が求められる。そこで、実際に計算してみると、前項から

$$sin\ i = i - \frac{1}{3!}i^3 + \frac{1}{5!}i^5 - \frac{1}{7!}i^7 + \cdots + \frac{(-1)^n}{(2n+1)!}i^{2n+1} + \cdots$$

$$= (1 + \frac{1}{3!} + \frac{1}{5!} + \frac{1}{7!} + \cdots + \frac{1}{(2n+1)!} + \cdots)i \fallingdotseq 1.17520119i$$

である。この値を$sin\ i$の値とすれば、$sin\ i$の意味がわかる。

そこで、z が複素数のとき、$sin\ z$をべき級数で定義する。

$$sin\ z = z - \frac{1}{3!}z^3 + \frac{1}{5!}z^5 - \frac{1}{7!}z^7 + \cdots + \frac{(-1)^n}{(2n+1)!}z^{2n+1} + \cdots$$

この右辺の式を、$sin\ z$と定義する。このように定義すると、z が実数 x であるときは、いままでの$sin\ x$になる。つまり、複素数 z を変数とする関数$sin\ z$が、実数 x を変数とする関数$sin\ x$の拡張になっていることがわかる。これを複素関数という。

複素数 z を変数とする関数$cos\ z$についても、同じように、べき級数展開の式を$cos\ z$の定義とする。

$$cos\ z = 1 - \frac{1}{2!}z^2 + \frac{1}{4!}z^4 - \frac{1}{6!}z^6 + \cdots + \frac{(-1)^n}{(2n)!}z^{2n} + \cdots$$

べき級数展開の威力

複素数と三角関数

〈変数が実数の場合〉

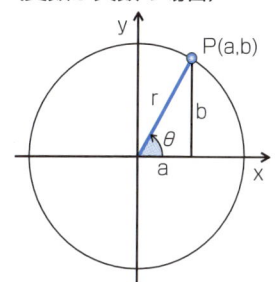

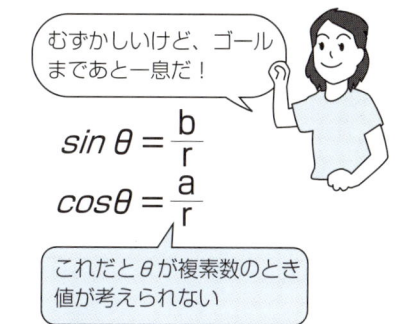

むずかしいけど、ゴールまであと一息だ！

$$\sin\theta = \frac{b}{r}$$
$$\cos\theta = \frac{a}{r}$$

これだと θ が複素数のとき値が考えられない

〈変数が複素数の場合〉＝ 複素関数（ふくそかんすう）

手順① **べき級数展開する。**

$$\sin x = x - \frac{1}{3!}x^3 + \frac{1}{5!}x^5 - \frac{1}{7!}x^7 + \cdots + \frac{(-1)^n}{(2n+1)!}x^{2n+1} + \cdots$$

$$\cos x = 1 - \frac{1}{2!}x^2 + \frac{1}{4!}x^4 - \frac{1}{6!}x^6 + \cdots + \frac{(-1)^n}{(2n)!}x^{2n} + \cdots$$

この形になると、i の世界まで広げて考えることができる。
（例）$\sin i ≒ 1.17520119\, i$

手順② **実数xを複素数zに拡張して、複素関数 $\sin z$、$\cos z$ を定義する。**

$$\sin z = z - \frac{1}{3!}z^3 + \frac{1}{5!}z^5 - \frac{1}{7!}z^7 + \cdots + \frac{(-1)^n}{(2n+1)!}z^{2n+1} + \cdots$$

$$\cos z = 1 - \frac{1}{2!}z^2 + \frac{1}{4!}z^4 - \frac{1}{6!}z^6 + \cdots + \frac{(-1)^n}{(2n)!}z^{2n} + \cdots$$

三角関数と指数関数の出会い

〜オイラーの公式〜

複素数 z を変数とする三角関数 $sin\ z$ と $cos\ z$ は、次の式であった。

$$sin\ z = z - \frac{1}{3!}z^3 + \frac{1}{5!}z^5 - \frac{1}{7!}z^7 + \cdots$$

$$cos\ z = 1 - \frac{1}{2!}z^2 + \frac{1}{4!}z^4 - \frac{1}{6!}z^6 + \cdots$$

複素数 z を変数とする指数関数 e^z も、e^x のべき級数展開に含まれる実数 x の代わりに複素数 z を代入した式で定義する。つまり、

$$e^z = 1 + z + \frac{1}{2!}z^2 + \frac{1}{3!}z^3 + \frac{1}{4!}z^4 + \cdots$$

さて、いよいよオイラーの公式を導こう。z に ix を代入すると

$$e^{ix} = 1 + ix + \frac{1}{2!}(ix)^2 + \frac{1}{3!}(ix)^3 + \frac{1}{4!}(ix)^4 \cdots$$

$$= 1 + ix - \frac{1}{2!}x^2 - \frac{1}{3!}ix^3 + \frac{1}{4!}x^4 \cdots$$

このとき、$cos\ x + i\ sin\ x$

$$= (1 - \frac{1}{2!}x^2 + \frac{1}{4!}x^4 - \cdots) + i(x - \frac{1}{3!}x^3 + \frac{1}{5!}x^5 - \cdots)$$

$$= 1 + ix - \frac{1}{2!}x^2 - \frac{1}{3!}ix^3 + \frac{1}{4!}x^4 + \frac{1}{5!}x^5 - \cdots$$

この2つの式の右辺を見比べると、何と同じになっている。これよりオイラーの公式 $e^{ix} = cos\ x + i\ sin\ x$ が導かれる。こうして、三角関数と指数関数はべき級数展開して、さらに i の世界まで変数を広げることによって、出会うことができたのである。

よく見てみると…

オイラーの公式を導く

三角関数と複素数

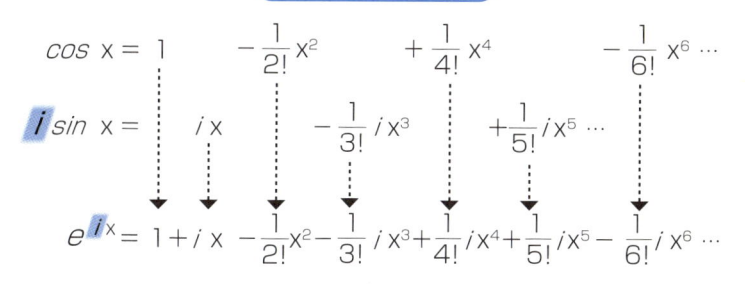

$$\cos x = 1 \quad\quad -\frac{1}{2!}x^2 \quad\quad +\frac{1}{4!}x^4 \quad\quad -\frac{1}{6!}x^6 \cdots$$

$$i\sin x = \quad ix \quad\quad -\frac{1}{3!}ix^3 \quad\quad +\frac{1}{5!}ix^5 \cdots$$

$$e^{ix} = 1 + ix - \frac{1}{2!}x^2 - \frac{1}{3!}ix^3 + \frac{1}{4!}ix^4 + \frac{1}{5!}ix^5 - \frac{1}{6!}ix^6 \cdots$$

指数関数の複素関数

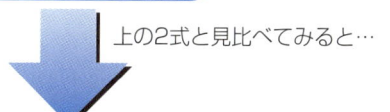

上の2式と見比べてみると…

オイラーの公式

$$e^{ix} = \cos x + i\sin x$$

「やっと出会えたね!」

「べき級数展開のおかげだよ!」

cos sin

*i*の世界

i の世界の指数関数 e^z

～$e^z \times e^w = e^{z+w}$ が成り立つ～

複素数 z に対して、指数関数 e^z をべき級数で定義した。つまり

$$e^z = 1 + z + \frac{1}{2!}z^2 + \frac{1}{3!}z^3 + \frac{1}{4!}z^4 \cdots$$

の右辺で左辺の e^z を定義した。この e^z は、複素数の範囲で指数法則を満たしているか？つまり、複素数 z、w に対して、$e^z \times e^w = e^{z+w}$、$(e^z)^w = e^{zw}$ が成り立つだろうか？実は、複素数の範囲でも指数法則が成り立つことがわかる。計算は少し複雑だが、右ページに示したので参考にしてほしい。

さて、この性質を使って、オイラーの公式 $e^{ix} = \cos x + i \sin x$ から三角関数の重要な定理である加法定理を導いてみよう。実数 α、β に対して

$$\cos(\alpha + \beta) + i \sin(\alpha + \beta) = e^{i(\alpha+\beta)} = e^{i\alpha + i\beta} = e^{i\alpha} \times e^{i\beta}$$
$$= (\cos \alpha + i \sin \alpha)(\cos \beta + i \sin \beta)$$
$$= \cos \alpha \cos \beta + i \cos \alpha \sin \beta + i \sin \alpha \cos \beta + i^2 \sin \alpha \sin \beta$$
$$= \cos \alpha \cos \beta + i \cos \alpha \sin \beta + i \sin \alpha \cos \beta - \sin \alpha \sin \beta$$
$$= \cos \alpha \cos \beta - \sin \alpha \sin \beta + i(\sin \alpha \cos \beta + \cos \alpha \sin \beta)$$

となる。最初の式と導かれた式の実部どうし、虚部どうしがそれぞれ等しくなるから、

$$\cos(\alpha + \beta) = \cos \alpha \cos \beta - \sin \alpha \sin \beta$$
$$\sin(\alpha + \beta) = \sin \alpha \cos \beta + \cos \alpha \sin \beta$$

が成り立つ。これらの式が三角関数の加法定理である（129ページ）。このように、オイラーの公式を使えば、指数法則から三角関数の加法定理を簡単に導くことができる。

複素数と指数

$e^z \times e^w = e^{z+w}$ の計算

① e^z のべき級数の各項（横書き）と、e^w のべき級数の各項（縦書き）をかけ算していく。

$e^w \backslash e^z$ =	1	+ z	+ $\frac{1}{2!}z^2$	+ $\frac{1}{3!}z^3$	+ $\frac{1}{4!}z^4$	+ ⋯
1	1	+ z	+ $\frac{1}{2}z^2$	+ $\frac{1}{6}z^3$	+ $\frac{1}{24}z^4$	+ ⋯
+ w	w	+ zw	+ $\frac{1}{2}z^2 w$	+ $\frac{1}{6}z^3 w$	+ $\frac{1}{24}z^4 w$	+ ⋯
+ $\frac{1}{2!}w^2$	$\frac{1}{2}w^2$	+ $\frac{1}{2}zw^2$	+ $\frac{1}{4}z^2 w^2$	+ $\frac{1}{12}z^3 w^2$	+ $\frac{1}{48}z^4 w^2$	+ ⋯
+ $\frac{1}{3!}w^3$	$\frac{1}{6}w^3$	+ $\frac{1}{6}zw^3$	+ $\frac{1}{12}z^2 w^3$	+ $\frac{1}{36}z^3 w^3$	+ $\frac{1}{144}z^4 w^3$	+ ⋯
+ $\frac{1}{4!}w^4$	$\frac{1}{24}w^4$	+ $\frac{1}{24}zw^4$	+ $\frac{1}{48}z^2 w^4$	+ $\frac{1}{144}z^3 w^4$	+ $\frac{1}{576}z^4 w^4$	+ ⋯
⋮						

② $e^z \times e^w$ の展開式は、斜めに並ぶ項を足し算する。

$z + w$

$\frac{1}{2}(z^2 + 2zw + w^2) = \frac{1}{2!}(z+w)^2$

$\frac{1}{6}(z^3 + 3z^2 w + 3zw^2 + w^3) = \frac{1}{3!}(z+w)^3$

$\frac{1}{24}(z^4 + 4z^3 w + 6z^2 w^2 + 4zw^3 + w^4) = \frac{1}{4!}(z+w)^4$

となるから、

$e^z \times e^w = 1 + (z+w) + \frac{1}{2!}(z+w)^2 + \frac{1}{3!}(z+w)^3 + \frac{1}{4!}(z+w)^4 + \cdots$

右辺は、e^{z+w} のべき級数になっている！

複素数のかけ算は回転移動

〜複素数の極形式〜

1つの複素数z＝a＋biを複素数平面上の点（a, b）と同一視して、複素数z＝a＋biを点とみなした（186ページ）。そこで、点zと原点Oとの距離をr、∠xOz＝θとすると、a＝$r\cos\theta$、b＝$r\sin\theta$が成り立つ。したがって、

z＝a＋bi＝$r\cos\theta + ir\sin\theta$＝$r(\cos\theta + i\sin\theta)$

と表すことができる。つまり、複素数zをx軸からの角θと原点からの距離rで表す。この表し方を極形式という。角θを偏角といい、原点からの距離rは複素数zの絶対値といい、|z|と表すこともある。

さて、この極形式とオイラーの公式、そして前項の指数法則を使うと、複素数のかけ算が点の回転を表していることがわかる。

z＝$r(\cos\alpha + i\sin\alpha)$、w＝$s(\cos\theta + i\sin\theta)$とすると、

zw＝$r(\cos\alpha + i\sin\alpha)s(\cos\theta + i\sin\theta)$＝$re^{i\alpha}se^{i\theta}$＝$rse^{i\alpha+i\theta}$
　＝$rse^{i(\alpha+\theta)}$＝$rs\{\cos(\alpha+\theta) + i\sin(\alpha+\theta)\}$

このことから、点zは、原点の周りにθだけ回転し、原点からの距離がs倍されることがわかる。特に、複素数zに$\cos\theta + i\sin\theta$＝$e^{i\theta}$をかけ算すると、$ze^{i\theta}$はzを原点の周りにθだけ回転した点を表す。

また、$\cos\alpha + i\sin\alpha$をn乗すると、次の式が成り立つ。

$(\cos\alpha + i\sin\alpha)^n = (e^{i\alpha})^n = e^{in\alpha} = \cos n\alpha + i\sin n\alpha$

この式は、複素数zをn乗すると、偏角がn倍になることを意味している。これをド・モアブルの定理という。この定理は、オイラーの公式より先に、ド・モアブルが正の数nに対して証明した。

複素数と指数

極形式の表し方

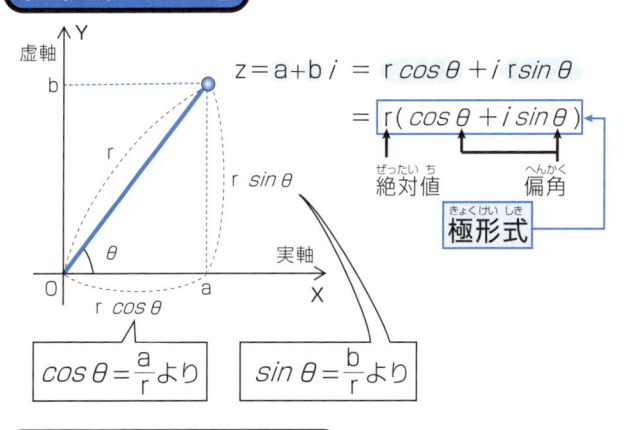

$$z = a + bi = r\cos\theta + ir\sin\theta$$
$$= \boxed{r(\cos\theta + i\sin\theta)}$$

絶対値　　偏角

極形式

$$\cos\theta = \frac{a}{r} \text{ より}$$

$$\sin\theta = \frac{b}{r} \text{ より}$$

複素数のかけ算の意味

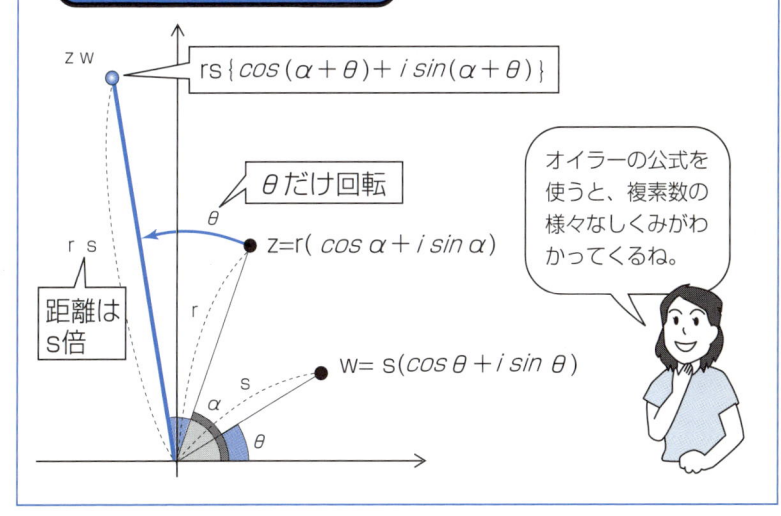

$$rs\{\cos(\alpha+\theta) + i\sin(\alpha+\theta)\}$$

zw

θだけ回転

$$z = r(\cos\alpha + i\sin\alpha)$$

rs

距離はs倍

$$w = s(\cos\theta + i\sin\theta)$$

> オイラーの公式を使うと、複素数の様々なしくみがわかってくるね。

*i*の世界の微分(1)

～z^nの微分～

実数 x を変数とする関数 x^n、$sin\,x$、$cos\,x$、e^xの微分は、

$(x^n)'=nx^{n-1}$、$(sin\,x)'=cos\,x$、$(cos\,x)'=-sin\,x$、$(e^x)'=e^x$

であった。それでは、これらの関数を複素数 z を変数とする関数としたとき、微分はどのようになるか考えよう。

実数の場合の微分の定義は、次の式であった。

$$f'(x)=\lim_{h\to 0}\frac{f(x+h)-f(x)}{h}$$

ここで、x と h をそれぞれ複素数 z と d にかえて、

$$f'(z)=\lim_{d\to 0}\frac{f(z+d)-f(z)}{d}$$

を考える。d は 0 に限りなく近づくのであるが、複素数は平面上の点であるから、d は四方八方から 0 に近づく。そこで、d を極形式で表すと $d=h(cos\theta+i\,sin\theta)=he^{i\theta}$ となる。d が偏角 θ の方向から 0 に近づくとすると、絶対値 h が 0 に近づくことになり、次の式のようになる。

$$f'(z)=\lim_{h\to 0}\frac{f(z+he^{i\theta})-f(z)}{he^{i\theta}}$$

さて、$f(z)=z^2$ の場合に当てはめると、右ページの計算より、実数の場合と同じく、$(z^2)'=2z$ が成り立つ。次数が 2 よりも大きい場合も同じように考えて、一般に、$(z^n)'=nz^{n-1}$ が成り立つことがわかる。このことにより、変数を複素数に拡張しても微分の公式 $(z^n)'=nz^{n-1}$ は変わらないことがわかった。次項で $sin\,z$、$cos\,z$、e^z の場合について考えよう。

基本は一緒

微分の定義

(実数の場合)
- $f(x+h)$ と $f(x)$ の変化率
- $h \to 0$ になると、

(複素数の場合)
- $f(z+d)$ と $f(z)$ の変化率
- $d \to 0$ になると、

四方八方から近づく

$d = h(\cos\theta + i\sin\theta) = he^{i\theta}$ とすると、

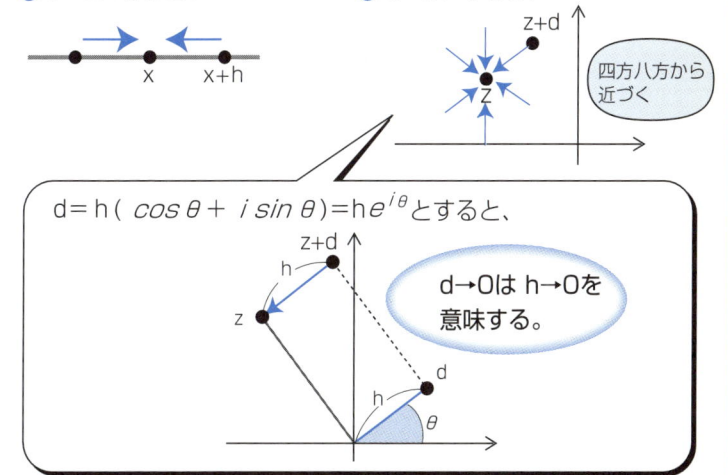

$d \to 0$ は $h \to 0$ を意味する。

$f(z) = z^2$ の微分

$$(z^2)' = \lim_{h \to 0} \frac{(z + he^{i\theta})^2 - z^2}{he^{i\theta}}$$

$$= \lim_{h \to 0} \frac{z^2 + 2zhe^{i\theta} + (he^{i\theta})^2 - z^2}{he^{i\theta}}$$

$$= \lim_{h \to 0} \frac{he^{i\theta}(2z + he^{i\theta})}{he^{i\theta}} = \lim_{h \to 0} (2z + he^{i\theta}) = \underline{2z}$$

微分の公式
$(z^n)' = n z^{n-1}$
が当てはまる!

i の世界の微分（2）

～$\sin z$、$\cos z$、e^z の微分～

前項で複素数を変数とする z^n の微分は、実数の場合と同じように、$(z^n)'=nz^{n-1}$ が成り立つことを見てきた。さて、これを使って、$\sin z$、$\cos z$、e^z の微分がどうなるか見ていこう。

$$(\sin z)' = (z)' - \frac{1}{3!}(z^3)' + \frac{1}{5!}(z^5)' - \frac{1}{7!}(z^7)' + \cdots$$

$$= 1 - \frac{1}{3!}3z^2 + \frac{1}{5!}5z^4 - \frac{1}{7!}7z^6 + \cdots$$

$$= 1 - \frac{1}{2!}z^2 + \frac{1}{4!}z^4 - \frac{1}{6!}z^6 + \cdots$$

この最後の式は、$\cos z$ のべき級数展開の式

$$\cos z = 1 - \frac{1}{2!}z^2 + \frac{1}{4!}z^4 - \frac{1}{6!}z^6 + \cdots$$

と一致している。したがって、$(\sin z)' = \cos z$ であることがわかった。

同じように、$\cos z$ のべき級数を z で微分すると $-\sin z$ のべき級数に一致し、e^z のべき級数を微分すると e^z のべき級数に一致することがわかる。したがって、$(\cos z)' = -\sin z$、$(e^z)' = e^z$ が成り立つ。結局、変数を複素数の範囲に拡張しても、三角関数、指数関数の微分は実数の変数の場合と同じように計算できるのだ。さらに、積分も実数の場合と同じように計算できる。

こうして変数を実数から複素数まで広げると、オイラーの公式で三角関数と指数関数が結びついたように、微分積分も実数の世界では考えられなかった美しい性質をもっていることがわかるのだ。

落ち着く所に落ち着く

e^z の微分

$(e^z)' = (1 + z + \dfrac{1}{2!} z^2 + \dfrac{1}{3!} z^3 + \dfrac{1}{4!} z^4 + \cdots)'$ 　べき級数展開する。

$\quad = (1)' + (z)' + \dfrac{1}{2!}(z^2)' + \dfrac{1}{3!}(z^3)' + \dfrac{1}{4!}(z^4)' + \cdots$ 　各項の微分に分解する。

$\quad = 0 + 1 + \dfrac{1}{2!} \cdot 2z + \dfrac{1}{3!} \cdot 3z^2 + \dfrac{1}{4!} \cdot 4z^3 + \cdots$ 　微分の公式を利用する。

$\quad = 1 + z + \dfrac{1}{2!} z^2 + \dfrac{1}{3!} z^3 + \cdots\cdots = e^z$

元の次数が分母の階乗(かいじょう)を1つくり上げるわけか！

階乗 → $\dfrac{1}{1 \cdot 2 \cdot 3} \cdot 3z^2$ ← 元の次数

i の世界の微分（まとめ）

$(z^n)' = n z^{n-1}$
$(\sin z)' = \cos z$
$(\cos z)' = -\sin z$
$(e^z)' = e^z$

結局、実数の微分と同じ結果になるのね！

オイラー（Euler）

　18世紀最大の数学者レオンハルト・オイラー(1707～1783年)はスイスのバーゼルで牧師の子として生まれた。1720年に彼はバーゼル大学に入学し,ヨハン・ベルヌーイに師事し数学の勉強をした。

　1727年に、エカテリーナⅠ世に招かれてロシアのペテルブルグ・アカデミーに行く。彼はアカデミーの紀要の創刊号から論文を発表した。彼がいる限り、論文の不足に悩むことはなかった。彼は、子供と遊びながらでも数学の論文を書いたという。

　1735年に右目が失明し、1771年に左目も失明した。この悲劇に遭いながらもオイラーは研究を続け、一生のうちに500以上の書物および論文を出版した。そして、彼の死後もほぼ半世紀間、彼の論文はペテルブルグ・アカデミーの紀要に掲載され続けた。

Chapter 7

フーリエの世界

sin、cosの無限個の和

〜フーリエ級数（1）〜

前章までは、$\sin x$、$\cos x$、e^xをx^nの無限個の和、つまりべき級数で表してきた。ところが、今度は逆に、x^nなど、関数$f(x)$を、$\sin nx$、$\cos nx$の無限個の和で表すことを考える。

18世紀にD.ベルヌーイは両端を固定した弦の振動を、$\sin nx$、$\cos nx$の無限個の和として表した。そしてフーリエは、熱伝導の研究からグラフが途中で途切れてしまうような、連続でない関数も$\sin nx$、$\cos nx$の無限個の和で表されることを示した。関数$f(x)$を$\sin nx$、$\cos nx$の無限個の和で表した式をフーリエ級数という。

たとえば、$-\pi \leq x \leq \pi$の範囲で、xは次のように、$\sin nx$の和で表すことができる。

$$x = 2\left(\frac{\sin x}{1} - \frac{\sin 2x}{2} + \cdots + \frac{(-1)^{n-1}\sin nx}{n} + \cdots\right)$$

さらに、べき級数では表すことができない凹凸状の方形波やノコギリの形をしたノコギリ波などもフーリエ級数で表すことができる。方形波はコンピュータなどで用いるデジタル信号の基本波形であり、ノコギリ波はテレビのブラウン管に流す電流の波形である。

上の式のように、なめらかなサインカーブを重ねていくと、角張った曲線や不連続な曲線を表すことできる。このことに気付いたフーリエは「どんな関数でも三角関数で表現できる」と豪語した。しかし、フーリエの研究を引き継いだディリクレが三角関数の級数として展開可能な条件などを示し、どんな関数でも三角関数で表現できるわけではないことを示した。

sin、cos を基準とする世界

フーリエ級数とは

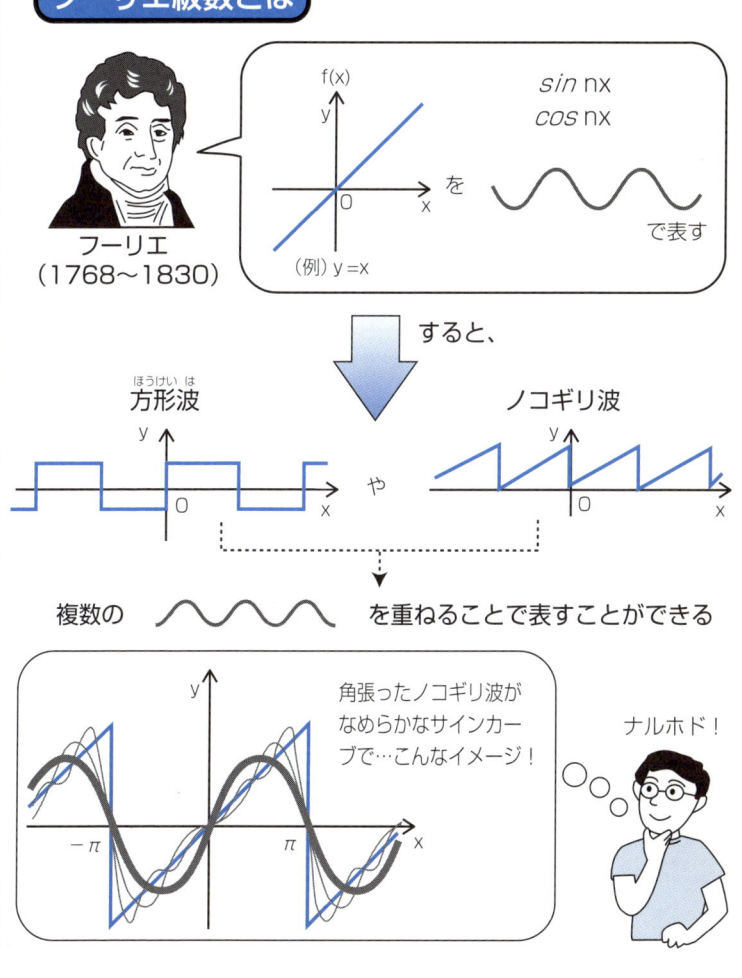

フーリエ
(1768〜1830)

f(x) = y （例）y = x を sin nx, cos nx で表す

すると、

方形波 や **ノコギリ波**

↓

複数の ～～～ を重ねることで表すことができる

角張ったノコギリ波がなめらかなサインカーブで…こんなイメージ！

ナルホド！

xをsin、cosの無限個の和で表す

〜フーリエ級数（2）〜

ここでは、前項で示したxのフーリエ級数をどのようにして求めるか見ていこう。

$y=x$のグラフは、原点に関して対称である。そこで、グラフが原点に関して対称ではない$cos\,x$は除いて、原点に関して対称である$sin\,x$だけの和を考えることにする。目標として、

$x=a_0+a_1 sin\,x+a_2 sin\,2x+a_3 sin\,3x+\cdots$　…①

とおき、$a_0, a_1, a_2, a_3, \cdots$ を求めることを考える。

①の両辺に$x=0$を代入すると、左辺は$x=0$となり、$sin\,0=0$であるから右辺はa_0になる。したがって、$a_0=0$である。

べき級数のときは、両辺を微分したが、ここでは積分をする。まず、$a_0=0$を①に代入し、①の両辺に$sin\,x$をかけ算すると、

$x\,sin\,x=a_1 sin\,x\,sin\,x+a_2 sin\,2x\,sin\,x+a_3 sin\,3x\,sin\,x+\cdots$

この両辺を$-\pi$からπまで積分する。計算が少し面倒だが、左辺は$\int_{-\pi}^{\pi} x\,sin\,x\,dx=2\pi$となる。右辺についても、

$\int_{-\pi}^{\pi} sin\,x\,sin\,x\,dx=\pi$、$\int_{-\pi}^{\pi} sin\,nx\,sin\,x\,dx=0$（$n\neq 1$）

より、a_1のところだけ残り、他はすべて0になるので、右辺$=a_1\pi$である。したがって、$2\pi=a_1\pi$が成り立ち、$a_1=2$となる。

a_2を求めるときも同じように、①の両辺に$sin\,2x$をかけ算し、$-\pi$からπまで積分すると、左辺$=-\pi$となり、右辺はa_2のところだけ残り、他は0になるので、右辺$=a_2\pi$である。したがって、$-\pi=a_2\pi$であるので、$a_2=-1$となる。

a_3についても、$sin\,3x$をかけ算し、$-\pi$からπまで積分すると、$a_3=\frac{2}{3}$となる。この操作を続けていけば、a_nが求められる。

積分の利用

フーリエ級数を導く

（例）$f(x)=x$ のフーリエ級数(きゅうすう)を導く

目標 $x = a_0 + a_1 \sin x + a_2 \sin 2x + a_3 \sin 3x + \cdots$

① $x=0$ とおく。

$0 = a_0$

② 両辺に $\sin nx$ をかける。 ➡ **③ 積分する。**

左辺 $= \sin nx \cdot x \longrightarrow \dfrac{2(-1)^{n+1}\pi}{n}$

右辺の各項 $= \sin mx \cdot \sin nx \longrightarrow \begin{cases} \pi & (n=m \neq 0 \text{のとき}) \\ 0 & (n \neq m \text{のとき}) \end{cases}$

右辺は、各項に分解して積分をする

④ $n=1, 2, 3 \cdots$ を代入して、$a_1, a_2, a_3 \cdots$ を求めていく。

（左辺の積分）＝（右辺各項の積分）$\times a_n$

$\dfrac{2(-1)^{n+1}\pi}{n} = \pi \times a_n$

この式に $n=1, 2, 3 \cdots$ を代入！

参考 フーリエ級数では、次の3つの式が成り立つことが大切

$$\int_{-\pi}^{\pi} \sin mx \, \sin nx \, dx = \begin{cases} \pi & (n=m \neq 0 \text{のとき}) \\ 0 & (n \neq m \text{のとき}) \end{cases}$$

$$\int_{-\pi}^{\pi} \cos mx \, \cos nx \, dx = \begin{cases} \pi & (n=m \neq 0 \text{のとき}) \\ 0 & (n \neq m \text{のとき}) \end{cases}$$

$$\int_{-\pi}^{\pi} \sin mx \, \cos nx \, dx = 0$$

関数f(x)を*sin*、*cos*の無限個の和で表す

〜フーリエ級数（3）〜

前項でxをフーリエ級数に展開する方法を見てきた。同じ方法で一般の関数f(x)を展開すると、次のような式になる。

区間を$0 \leq x \leq 2\pi$として、

$$f(x) = \frac{a_0}{2} + (a_1 cos\, x + b_1 sin\, x) + (a_2 cos\, 2x + b_2 sin\, 2x)$$

$$+ (a_3 cos\, 3x + b_3 sin\, 3x) + \cdots + (a_n cos\, nx + b_n sin\, nx) + \cdots$$

ここで、209ページで紹介した3つの関係式を使って計算していくと、各項の係数は、$a_0 = \frac{1}{\pi}\int_0^{2\pi} f(x)\,dx$、n=1,2,3,…については、

$$a_n = \frac{1}{\pi}\int_0^{2\pi} f(x)\, cos\, n\, x\, dx \qquad b_n = \frac{1}{\pi}\int_0^{2\pi} f(x)\, sin\, n\, x\, dx$$

であることがわかる。

さて、和の記号Σをいままで使ってこなかったが、これからは和をΣで表そう。たとえば、1+3+5+7+9の奇数の足し算を$\sum_{n=1}^{5}(2n-1)$と書く。記号$\sum_{n=1}^{5}$は、2n-1のnに1から5までの数を順に入れ、その5つの数を足し算しなさいと意味である。すると、上の式すなわちf(x)のフーリエ級数は、次のように書ける。

$$f(x) = \frac{a_0}{2} + \sum_{n=1}^{\infty}(a_n cos\, nx + b_n sin\, nx)$$

ここで、∞は正の無限大のことを表し、$\sum_{n=1}^{\infty}$は1から無限個の自然数をnに代入し、$(a_n cos\, nx + b_n sin\, nx)$を足し算しなさいという意味である。

$\sin$、$\cos$の和で表す

フーリエ級数（一般化）

$$f(x) = \frac{a_0}{2} + \sum_{n=1}^{\infty}(a_n \cos nx + b_n \sin nx)$$

ここで、$a_0 = \dfrac{1}{\pi}\displaystyle\int_0^{2\pi} f(x)\, dx$

$a_n = \dfrac{1}{\pi}\displaystyle\int_0^{2\pi} f(x) \cos nx\, dx$

$b_n = \dfrac{1}{\pi}\displaystyle\int_0^{2\pi} f(x) \sin nx\, dx$

$(n = 1, 2, 3, \cdots)$

フーリエ: これで、すべての関数を $\sin nx$、$\cos nx$ の形で表すことができるんだ！スゴイだろう?!

弟子 ディリクレ: 条件付きだけどね…

参考 上の3つの積分の範囲は $0 \leq x \leq 2\pi$、
また、209ページの下の3つの積分の範囲は $-\pi \leq x \leq \pi$、
どちらもxの範囲は2πである。
これは、サインカーブの基本周期に由来している。

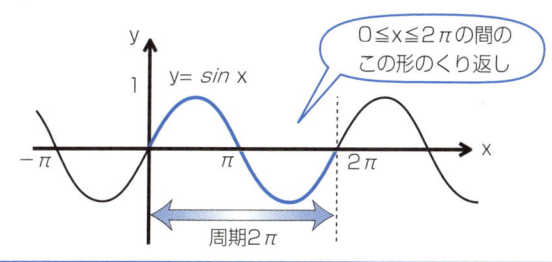

$y = \sin x$

$0 \leq x \leq 2\pi$ の間のこの形のくり返し

周期 2π

i の世界での
sin、cos の無限個の和

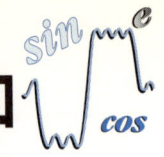

～複素フーリエ級数～

前項で、フーリエ級数は、区間を $0 \leq x \leq 2\pi$ として、

$$f(x) = \frac{a_0}{2} + \sum_{n=1}^{\infty}(a_n \cos nx + b_n \sin nx)$$

と書けることを見てきた。この式のシグマの後ろに、cos と sin が並んでいる。ここで、オイラーの公式を思い出そう。

$$e^{inx} = \cos nx + i \sin nx \quad \cdots ①$$

であった。この式のxの代わりに、－xを入れ、$cos(-nx) = cos nx$、$sin(-nx) = -sin nx$ であることを考えれば、

$$e^{-inx} = \cos nx - i \sin nx \quad \cdots ②$$

となる。(①＋②)÷2と(①－②)÷2i をそれぞれ計算すると、

$$\cos nx = \frac{e^{inx} + e^{-inx}}{2}, \quad \sin nx = \frac{e^{inx} - e^{-inx}}{2i}$$

なので、この2式をフーリエ級数の $sin nx$、$cos nx$ に代入すると、

$$a_n \cos nx + b_n \sin nx = \frac{a_n - ib_n}{2}e^{inx} + \frac{a_n + ib_n}{2}e^{-inx}$$

となる。そこで、$c_n = \frac{a_n - ib_n}{2}$、$c_{-n} = \frac{a_n + ib_n}{2}$ とおくと、フーリエ級数の式は、

$$f(x) = \frac{a_0}{2} + \sum_{n=1}^{n}(c_n e^{inx} + c_{-n} e^{-inx}) = \sum_{n=-\infty}^{\infty} c_n e^{inx}$$

となる。ここで、∞ はプラスの無限大、$-\infty$ はマイナスの無限大を表し、nにマイナスの無限大からプラスの無限大までの整数を代入し、無限個の $c_n e^{inx}$ を足し算することを意味している。

オイラーの公式再び

i の世界のフーリエ級数

（区間 $0 \leq x \leq 2\pi$ のフーリエ級数）

$$f(x) = \frac{a_0}{2} + \sum_{n=1}^{\infty} (a_n \cos nx + b_n \sin nx)$$

ここが i の世界への入り口！

オイラーの公式の利用
$e^{inx} = \cos nx + i \sin nx$ ①
$e^{-inx} = \cos nx - i \sin nx$ ②

①＋②÷2、①－②÷$2i$ の計算

$$\cos nx = \frac{e^{inx} + e^{-inx}}{2}, \quad \sin nx = \frac{e^{inx} - e^{-inx}}{2i}$$

この形で代入

$$a_n \cdot \frac{e^{inx} + e^{-inx}}{2} + b_n \cdot \frac{e^{inx} - e^{-inx}}{2i}$$

こちらの分子・分母に i をかける

e^{inx}, e^{-inx} の項で整理

$$\frac{a_n - ib_n}{2} e^{inx} + \frac{a_n + ib_n}{2} e^{-inx}$$

この部分を c_n とおくと

複素フーリエ級数

$$f(x) = \sum_{n=-\infty}^{\infty} c_n e^{inx}$$

i の世界に入ったフーリエ級数は無敵!?

交流回路と三角関数（1）

～微分方程式～

　前項で、複素数を用いたフーリエ級数で関数f(x)を表した。なぜ、フーリエ級数を複素数で表すと便利なのか、その1つの例を見てみよう。いま、抵抗とコイルとコンデンサーを含んだ交流回路に、電圧V(t)がかかったとする。コンデンサーに蓄えられる電荷Q(t)は、

$$L\frac{d^2Q}{dt^2}+R\frac{dQ}{dt}+\frac{1}{C}Q=V(t) \cdots ①$$

という微分方程式を満たすことが知られている。$\frac{dQ}{dt}$は、関数Q(t)をtで1回微分した式（1次導関数）を表し、$\frac{d^2Q}{dt^2}$は、関数Q(t)をtで2回微分した式（2次導関数）を表す。このように、導関数を含む等式を微分方程式という。自然現象は微分方程式で表されることが多く、この微分方程式を満たす関数Q(t)を求めることを、微分方程式を解くといい、これにより自然現象が解明される。

　交流電流とは、各家庭に供給される電気の方式である。たとえるならば、電圧Vは電気製品のプラグを差し込む電源であり、抵抗Rは電気の通りやすさ・にくさをコントロールする電線の太さ、コイルLは磁力で電流の向きを変える電磁石、コンデンサーは電気を蓄える充電器というように置き換えて考えることができる。電気製品を構成する交流回路は、これらの要素からできあがっている。そして、交流電流とは、電流の大きさや流れる方向が常に変化している電流であり、その変化の様子はサインカーブで描くことができる。つまり、私たちの生活は三角関数に深く関わっているのだ。

複雑な方程式も…

交流回路と微分方程式

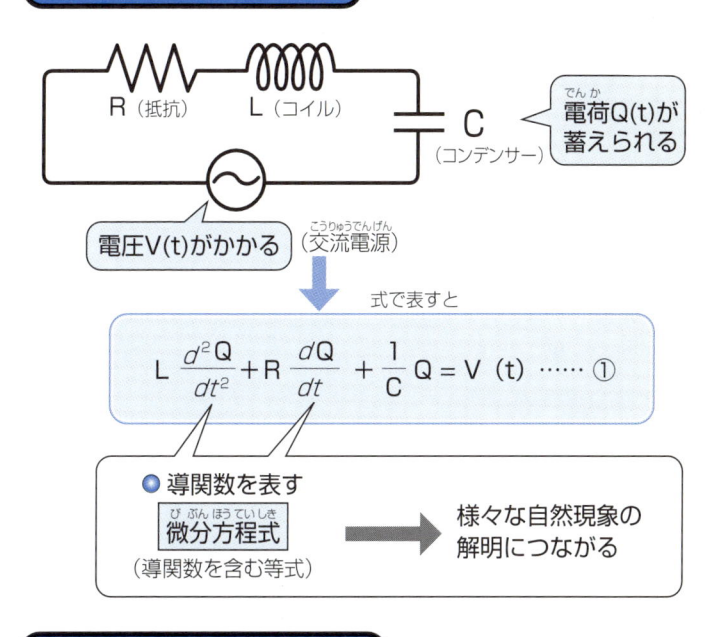

R（抵抗）　L（コイル）　C（コンデンサー）

電荷Q(t)が蓄えられる

電圧V(t)がかかる　（交流電源）

式で表すと

$$L \frac{d^2Q}{dt^2} + R \frac{dQ}{dt} + \frac{1}{C} Q = V(t) \quad \cdots\cdots ①$$

● 導関数を表す

微分方程式
（導関数を含む等式）

→ 様々な自然現象の解明につながる

交流電流はサインカーブ

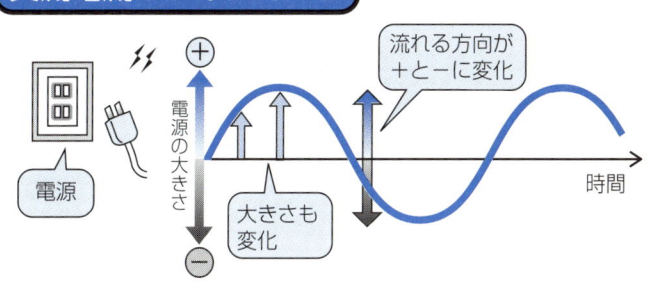

電源

電源の大きさ

流れる方向が＋と－に変化

大きさも変化

時間

交流回路と三角関数（2）

〜複素フーリエ級数の意義〜

前項で、抵抗R、コイルL、コンデンサーCを含む交流回路に電圧Vがかかったときの、コンデンサーに蓄えられる電荷Qの満たす微分方程式を示した。この式は次のような式であった。

$$L\frac{d^2Q}{dt^2}+R\frac{dQ}{dt}+\frac{1}{C}Q=V(t) \cdots ①$$

この微分方程式は複素フーリエ級数を用いると解くことができる。

関数Q、Vをそれぞれフーリエ級数に展開し、そのn番目の式をそれぞれ$Q_n(t)=c_n e^{in\omega t}$、$V_n(t)=d_n e^{in\omega t}$とする（$\omega$は角周波数を表す）。$Q_n(t)$をtで微分すると、

$$\frac{dQ_n}{dt}=in\omega c_n e^{in\omega t}、\frac{d^2Q_n}{dt^2}=-n^2\omega^2 c_n e^{in\omega t}$$

となる。この式を微分方程式①に代入すると、n番目の式は

$$\left(-n^2\omega^2 L+in\omega R+\frac{1}{C}\right)c_n e^{in\omega t}=d_n e^{in\omega t}$$

となるので、c_nが割り算で求められる。これを$Q(t)$のフーリエ級数に代入して$Q(t)$が決定される。これは、複素数で表されているので、実数の場合に戻すには、実部と虚部に分ければよい。

フーリエ級数を複素数で表した複素フーリエ級数が便利なのは、その中に指数関数e^xを含んでいるからである。指数関数$y=e^x$の微分は、何回微分してもe^xと変わらない。そのために微分方程式がかけ算・割り算で解ける方程式に変わり、計算が簡単になる。ところが、$sin\,x$、$cos\,x$では、微分すると$sin\,x$、$cos\,x$が入れ替わるので面倒な計算になる。そこで、複素フーリエ級数を使うのだ。

フーリエ級数の活躍

微分方程式の解法

$$L \frac{d^2Q}{dt^2} + R \frac{dQ}{dt} + \frac{1}{C} Q = V(t) \cdots\cdots ①$$

目標 Q(t)を求める

● 関数Q、Vをフーリエ級数に

$$Q(t) = \sum_{n=-\infty}^{\infty} Q_n(t) = \sum_{n=-\infty}^{\infty} c_n \, e^{in\omega t}$$

$$V(t) = \sum_{n=-\infty}^{\infty} V_n(t) = \sum_{n=-\infty}^{\infty} d_n \, e^{in\omega t}$$

指数関数 e^x は微分しやすい

①に代入して解くと…

$$Q(t) = \sum_{n=-\infty}^{\infty} \frac{C \, d_n}{1 - n^2\omega^2 LC + in\omega RC} \times e^{in\omega t}$$

この解は、Q(t)を抵抗R、コイルL、周波数ωなどで表した関係式

複素フーリエ級数の役割

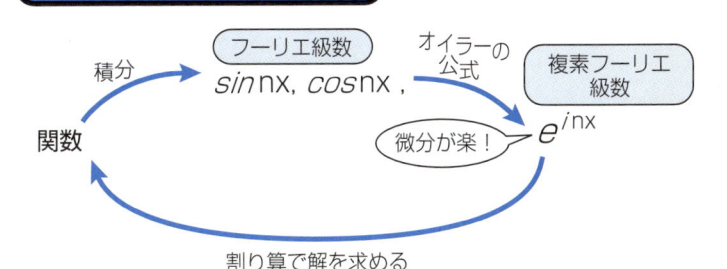

関数 →(積分)→ フーリエ級数 $sin\,nx, cos\,nx,$ →(オイラーの公式)→ 複素フーリエ級数 e^{inx} →(微分が楽！)→ →(割り算で解を求める)→ 関数

魔法の変換

～フーリエ変換～

今までは、周期関数やある有限な区間での関数についてフーリエ級数に展開してきた。そこで、周期関数でない関数については、周期関数の周期Tが無限に大きくなったと考えることにする。

いま、$\omega_0 t$（ω_0はTω_0＝2πを満たす角周波数）を使うと、フーリエ級数は、$f(t)=\sum_{n=-\infty}^{\infty} c_n e^{in\omega_0 t}$という式になる。ここで、

$c_n=\frac{1}{T}\int_{-\frac{T}{2}}^{\frac{T}{2}} f(t)e^{-in\omega_0 t}dt$ と書ける。そして、Tを無限に大きくすると、角周波数ω_0は0に近づく。このとき、nは無限に大きくなる数だから、nω_0は連続で有限なωに近づくようになる。こうしてフーリエ級数から、次の2つの式が導かれる。

$$f(t)=\frac{1}{2\pi}\int_{-\infty}^{\infty} F(\omega)e^{i\omega t}d\omega, \quad F(\omega)=\int_{-\infty}^{\infty} f(t)e^{-i\omega t}dt$$

この2番目の式$F(\omega)$が$f(t)$のフーリエ変換であり、1番目の式がフーリエ変換$F(\omega)$の逆変換という。この2つの変換は、右の図のようにフーリエの世界と現実の世界を結ぶ役割を果たすものである。魔法の変換といってもよいだろう。

たとえば、ラジオやテレビなどの電波にもサインカーブが用いられるが、音声の信号波は周波数がとても低いので、そのままでは電波として送り出すことができない。そこで高周波数の電波に乗せて送り出す。その乗せ方に、AM変調とFM変調の2通りある。AM変調は振幅で、FM変調は周波数の変化で音声信号を表す。受信機でこれらの電波を音声信号に変えるとき、フーリエ変換が使われる。

無限に大きな周期と考える

フーリエ変換の手順

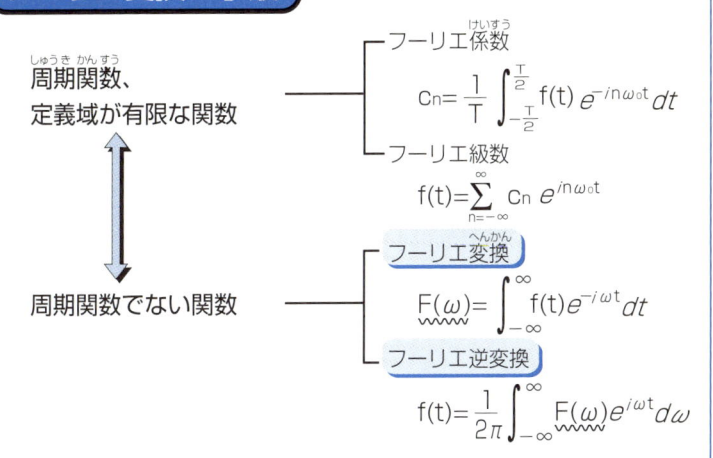

周期関数、
定義域が有限な関数

— フーリエ係数

$$c_n = \frac{1}{T} \int_{-\frac{T}{2}}^{\frac{T}{2}} f(t) e^{-in\omega_0 t} dt$$

— フーリエ級数

$$f(t) = \sum_{n=-\infty}^{\infty} c_n e^{in\omega_0 t}$$

周期関数でない関数

— フーリエ変換

$$F(\omega) = \int_{-\infty}^{\infty} f(t) e^{-i\omega t} dt$$

— フーリエ逆変換

$$f(t) = \frac{1}{2\pi} \int_{-\infty}^{\infty} F(\omega) e^{i\omega t} d\omega$$

フーリエ変換と逆変換の位置づけ

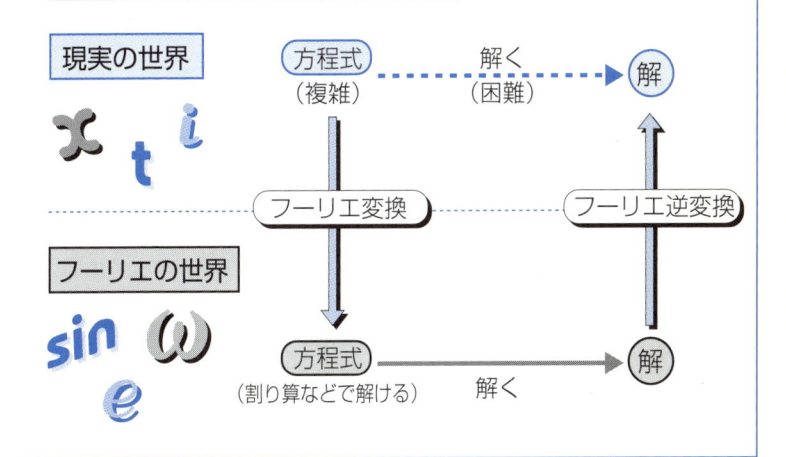

現実の世界

x t i

方程式（複雑） — 解く（困難） → 解

フーリエ変換 ↓   ↑ フーリエ逆変換

フーリエの世界

$\sin$ ω e

方程式（割り算などで解ける） — 解く → 解

フーリエの世界

～現代で必要不可欠な道具"三角関数"～

　前項のフーリエ変換の重要な応用例の1つに、サンプリング理論がある。連続したアナログ信号を飛び飛びのデジタル信号に変換するための基礎理論のことで、自然界にあるアナログ情報をコンピュータで扱えるデジタル情報にする重要な理論である。アナログ信号の波形を何個のデジタル信号で刻むのかを示している。この理論は、通信工学や画像工学に応用される。宇宙の人工衛星から送られた電波を鮮明な画像に再生したり、医学で用いられているX線CTやMRIなどの画像もサンプリング理論を用い、フーリエ変換で処理される。

　このように、"波"あるところにはフーリエの理論が用いられており、私たちの生活と三角関数は深く関わっている。三角関数は現代の科学技術を支える必要不可欠な道具といえるだろう。

　これまで三角関数の世界を幅広い視点から眺めてきた。まずは直角三角形の角と辺の関係から三角比 sin 、cos を学び、それには様々な関係式が成り立つことから、測量などに利用されることを見てきた。そして、sin 、cos を数と数との関係である関数とみなし、その変化の様子をサインカーブという波で表した。さらに、微分という数学のテクニックを使い、三角関数と関数の仲間である指数関数が、複素数 i の世界で結ばれた美しい形・オイラーの公式を学んだ。

　そして、あらゆる関数を sin 、cos（サインカーブ）で表すことができるフーリエ級数、オイラーの公式を併用した複素フーリエ級数を紹介した。そこからフーリエ変換を使うことで、現代の技術文明が三角関数に支えられていることを実感できるだろう。

身の周りの三角関数

サンプリング理論

$f(t)$ — フーリエ変換 → $F(\omega)$

サンプルの系列を選ぶ

アナログ信号 → デジタル信号

画像工学とフーリエ変換

CT検査の様子

● CT
（コンピュータ断層撮影法
Computer
Tomography）

● MRI
（磁気共鳴映像法
Magnetic
Resonance
Imaging）

X線を患部にあてる

磁場発生装置の中で電磁波をあてる

アナログ

吸収・透過率により波を検出

人体中の水分子の反応エネルギーを信号として検出

フーリエ変換

デジタル

デジタルの波で刻み、コンピュータで画像処理

フーリエ（Fourier）

　フーリエ（1768～1830年）はフランスのオークゼルで仕立屋の息子として生まれた。8歳の時に孤児となり司教のもとにあずけられ、数学に秀でた才能をもち、勉強するために修道院に入った。後にパリ科学アカデミーに提出した論文が認められ、エコール・ポリテクニク（国立理工科学校）に迎えられた。
　1798年にナポレオンのエジプト遠征に随行し、そこで彼がエジプトについて書いた著作は考古学上の傑作といわれている。帰国後、1802年にイゼール県の知事に任命され、この時期にフーリエ級数を発表した。ナポレオンの失脚や復活をめぐって、ルイ18世に疑われて彼は追放されたが、教え子の推薦で復帰した。さらにパリ科学アカデミーの常任理事になり、1830年に波瀾万丈の生涯を閉じた。

索 引

▼ア行

i（アイ）	164,184
アリアバタ	90
e（イー）	164,176
一般角	102
鋭角	50
AM変調	218
FM変調	218
MRI	140,220
円周角	60
円周率（π）	36,100
オイラー	92,164,204
オイラーの公式	144,164,194,212

▼カ行

外接円	58,66
ガウス	184,186
加法定理	126,128,196
ガルダーノ	184
関数	96
奇関数	114,122
逆変換	218
仰角	22
共役複素数	188
極形式	198
極限	146
虚数	184,186
虚数単位	184
虚部	186
近似値	144
偶関数	114
グンデル	92
弦	90
減少関数	170,174
原点	94
高次導関数	154
合成関数	178
交流回路	214,216
cos（コサイン）	24,92
コサインカーブ（余弦曲線）	112
弧度法	100,108

▼サ行

sin（サイン）	22,24,90
サインカーブ（正弦曲線）	110,206,218
座標	40,92,94
座標平面	94
三角関数	104
三角関数の合成	138
三角関数の微分	150,152
三角比	24,88
三角比の表	28,88
サンプリング理論	220
CTスキャン	140,220
ジェームズ・トムソン	100
Σ（シグマ）	210
指数	166
次数	154
指数関数	164,170
指数法則	166,196
自然数	34
自然対数	176
実数	40,186
実部	186
斜辺	14
周期	114,116
周期関数	114,218
従属変数	96
純虚数	184,186
象限	94
ジョン・ネーピア	172
真数	172
振幅	114,116
数直線	40
正弦	26,58,90
正弦定理	56,58,60,62,64,74
整数	34
正接	26,90
積から和・差の公式	136
積分	92,144,158,208
積分定数	158,160
接線	146
絶対値	198

223

0（ゼロ）	34
漸近線	122,170,174
線対称	114
増加関数	170,174
相似	12

▼タ行

対数	136,172
対数関数	174
対辺	14
タレス	10,12
単位円	110
tan（タンジェント）	14,16,90,120
値域	96
中心角	60
底	166,172,176
定義域	96
定数項	158
定積分	160
ディリクレ	206
デカルト	92
点対称	114
ド・モアブルの定理	198
導関数	146,148
動径	102
独立変数	96
鈍角	50,52

▼ナ行

内接円	86
2倍角の公式	130
ニュートン	92
ノコギリ波	206

▼ハ行

背理法	36
半角の公式	132
ピタゴラス	38
ピタゴラスの定理	38,44
ヒッパルコス	28,90
微分	92,144,146,148,180,200,202
微分係数	146
微分方程式	214

フーリエ	92,206,222
フーリエ級数	206,208
フーリエ変換	218,220
俯角	32
複素関数	192
複素数	184,186
複素数平面	186
複素フーリエ級数	212,216
不定積分	158
プトレマイオス	28,54,90,128,142
分数	34
平方根	36
べき級数展開	92,144,156,180,190
D.ベルヌーイ	206
ヘロンの公式	82
偏角	198
変化率	146
方形波	206

▼マ行

無理数	34,36,164
面積の公式	80,84,86

▼ヤ行

有理化	42
有理数	34
余弦	26,92
余弦定理	68,70,72,74

▼ラ行

ライプニッツ	92,162
ラエティクス	90
rad（ラジアン）	100
lim（リミット）	146
隣辺	14
累乗	166
√（ルート）	36,42
レギオモンタヌス	28,92
log（ログ）	172

▼ワ行

和・差から積の公式	134

参考文献

『ボイヤー　数学の歴史１～５』	加賀美鐵雄、浦野由有訳	朝倉書店
『カジョリ　初等数学史 上下』	小倉金之助補訳	共立全書
『日本の数学』	小倉金之助著	岩波書店
『数学100の発見』数学セミナー増刊		日本評論社
『100人の数学者』数学セミナー増刊		日本評論社
『数学100の定理』数学セミナー増刊		日本評論社
『なっとくするフーリエ変換』	木暮陽三著	講談社
『なっとくする数学記号』	黒木哲徳著	講談社
『なっとくする複素関数』	小野寺嘉孝著	講談社
『なっとくする音・光・電波』	都築卓司著	講談社
『対数 e の不思議』	堀場芳数著	講談社
『虚数 i の不思議』	堀場芳数著	講談社
『sinとcos 超入門』	坂江正著	日本実業出版社
『数学のしくみ』	川久保勝夫著	日本実業出版社

『現代工学のためのフーリエ変換の計算法』
　　　　　富山薫順、松浦武信、吉田正廣、町田東一、駒崎友和著　現代工学社
『現代工学のためのフーリエ変換とその応用』
　　　　　吉田正廣、松浦武信、富山薫順、小島紀男著　　　　　　現代工学社

『三角比のろ・ま・ん』	江藤邦彦著	三省堂
『数学Ⅰ』	野崎昭弘 ほか30名著	三省堂
『モノグラフ　数学史』	矢野健太郎著	科学新興社

三角比の表

角	sin	cos	tan
0°	0.0000	1.0000	0.0000
1°	0.0175	0.9998	0.0175
2°	0.0349	0.9994	0.0349
3°	0.0523	0.9986	0.0524
4°	0.0698	0.9976	0.0699
5°	0.0872	0.9962	0.0875
6°	0.1045	0.9945	0.1051
7°	0.1219	0.9925	0.1228
8°	0.1392	0.9903	0.1405
9°	0.1564	0.9877	0.1584
10°	0.1736	0.9848	0.1763
11°	0.1908	0.9816	0.1944
12°	0.2079	0.9781	0.2126
13°	0.2250	0.9744	0.2309
14°	0.2419	0.9703	0.2493
15°	0.2588	0.9659	0.2679
16°	0.2756	0.9613	0.2867
17°	0.2924	0.9563	0.3057
18°	0.3090	0.9511	0.3249
19°	0.3256	0.9455	0.3443
20°	0.3420	0.9397	0.3640
21°	0.3584	0.9336	0.3839
22°	0.3746	0.9272	0.4040
23°	0.3907	0.9205	0.4245
24°	0.4067	0.9135	0.4452
25°	0.4226	0.9063	0.4663
26°	0.4384	0.8988	0.4877
27°	0.4540	0.8910	0.5095
28°	0.4695	0.8829	0.5317
29°	0.4848	0.8746	0.5543
30°	0.5000	0.8660	0.5774

角	sin
30°	0.5000
31°	0.5150
32°	0.5299
33°	0.5446
34°	0.5592
35°	0.5736
36°	0.5878
37°	0.6018
38°	0.6157
39°	0.6293
40°	0.6428
41°	0.6561
42°	0.6691
43°	0.6820
44°	0.6947
45°	0.7071
46°	0.7193
47°	0.7314
48°	0.7431
49°	0.7547
50°	0.7660
51°	0.7771
52°	0.7880
53°	0.7986
54°	0.8090
55°	0.8192
56°	0.8290
57°	0.8387
58°	0.8480
59°	0.8572
60°	0.8660

cos	tan
0.8660	**0.5774**
0.8572	0.6009
0.8480	0.6249
0.8387	0.6494
0.8290	0.6745
0.8192	**0.7002**
0.8090	0.7265
0.7986	0.7536
0.7880	0.7813
0.7771	0.8098
0.7660	**0.8391**
0.7547	0.8693
0.7431	0.9004
0.7314	0.9325
0.7193	0.9657
0.7071	**1.0000**
0.6947	1.0355
0.6820	1.0724
0.6691	1.1106
0.6561	1.1504
0.6428	**1.1918**
0.6293	1.2349
0.6157	1.2799
0.6018	1.3270
0.5878	1.3764
0.5736	**1.4281**
0.5592	1.4826
0.5446	1.5399
0.5299	1.6003
0.5150	1.6643
0.5000	**1.7321**

角	sin	cos	tan
60°	**0.8660**	**0.5000**	**1.7321**
61°	0.8746	0.4848	1.8040
62°	0.8829	0.4695	1.8807
63°	0.8910	0.4540	1.9626
64°	0.8988	0.4384	2.0503
65°	**0.9063**	**0.4226**	**2.1445**
66°	0.9135	0.4067	2.2460
67°	0.9205	0.3907	2.3559
68°	0.9272	0.3746	2.4751
69°	0.9336	0.3584	2.6051
70°	**0.9397**	**0.3420**	**2.7475**
71°	0.9455	0.3256	2.9042
72°	0.9511	0.3090	3.0777
73°	0.9563	0.2924	3.2709
74°	0.9613	0.2756	3.4874
75°	**0.9659**	**0.2588**	**3.7321**
76°	0.9703	0.2419	4.0108
77°	0.9744	0.2250	4.3315
78°	0.9781	0.2079	4.7046
79°	0.9816	0.1908	5.1446
80°	**0.9848**	**0.1736**	**5.6713**
81°	0.9877	0.1564	6.3138
82°	0.9903	0.1392	7.1154
83°	0.9925	0.1219	8.1443
84°	0.9945	0.1045	9.5144
85°	**0.9962**	**0.0872**	**11.4301**
86°	0.9976	0.0698	14.3007
87°	0.9986	0.0523	19.0811
88°	0.9994	0.0349	28.6363
89°	0.9998	0.0175	57.2900
90°	**1.0000**	**0.0000**	なし

著者略歴

佐藤 敏明（さとう としあき）
1950年生まれ。1976年電気通信大学物理工学科大学院修士課程修了、東京都立大山高等学校教諭、東京都立三田高等学校定時制教諭、東京都立八潮高等学校教諭を経て、現在は東京都立成瀬高等学校教諭。著書に『初等幾何学』（森北出版）がある。

編集協力・イラスト────（株）オリンポス／伊藤笑子
イラスト制作──────（有）熊谷事務所

ナツメ社の書籍・雑誌は、書店または小社ホームページでお買い求めください。
http://www.natsume.co.jp

三角関数

2002年9月10日 発行

著　者	佐藤敏明	ⓒToshiaki Sato,2002

発行者　田村正隆
発行所　**株式会社ナツメ社**
　　　　　東京都千代田区神田神保町1-52加州ビル2F（〒101-0051）
　　　　　電話　03（3291）1257（代表）　　FAX　03（3291）5761
　　　　　振替　00130-1-58661
制　作　**ナツメ出版企画株式会社**
　　　　　東京都千代田区神田神保町1-52加州ビル3F（〒101-0051）
　　　　　電話　03（3295）3921
印刷所　東京書籍印刷株式会社

ISBN4-8163-3311-8　　　　　　　　　　　　　　　Printed in Japan
〈定価はカバーに表示してあります〉
〈落丁・乱丁本はお取り替えします〉

本書の一部分または全部を著作権法で定められている範囲を超え、ナツメ出版企画株式会社に無断で複写、複製、転載、データファイル化することを禁じます。